14817

TABLES

DES

POUSSÉES DES VOUTES

EN PLEIN CEINTRE.

IMPRIMERIE DE BACHELIER,
rue du Jardinet, n° 12.

TABLES

DES

POUSSÉES DES VOUTES

EN PLEIN CEINTRE;

CALCULÉES PAR LES SOINS DE M. DE GARIDEL,
Capitaine du Génie et Aide-de-camp du général PRÉVOST DE VERNOIS, Membre du
Comité des fortifications.

Nous mettons aujourd'hui en application
toutes les théories du siècle précédent.

PARIS,

CHEZ BACHELIER, LIBRAIRE, | CARILIAN-GOEURY, LIBRAIRE,
QUAI DES AUGUSTINS, N° 55. | QUAI DES AUGUSTINS, N° 41.

1837.

TABLES
DES
POUSSÉES DES VOUTES
EN PLEIN CEINTRE.

INTRODUCTION.

Ce travail est de pure application. Nous en livrons les résultats aux praticiens, les méthodes à ceux qui, animés du même esprit que nous, et appelés par leur position et leurs loisirs à cultiver la science, voudront bien continuer les tables. L'idée seule d'être utile nous a guidé; car nous ne venons point produire une théorie nouvelle, mais seulement appliquer l'analyse, et, par suite, le calcul arithmétique à celle de Coulomb; et en cela même nous ne faisons que continuer ce qui a déjà été entrepris par d'autres, et particulièrement par M. le colonel Audoy.

De pareilles recherches sont-elles nécessaires, et de si longs calculs ne seront-ils pas qualifiés de peine perdue? Nous savons que beaucoup d'ingénieurs ont peu de confiance dans la science. On sent bien cependant qu'en fait de constructions il y a bien des indécisions à vaincre, car les plus expérimentés diffèrent du simple au double. Quelque pratique que l'on ait, comme les cas qui se présentent n'ont pas leurs identiques dans ce qu'on a vu, mais seulement leurs analogues, il faut une induction pour arriver à la vérité, et c'est là tout ce qui constitue la science. Ceux qui méprisent le plus les théories ne nous offrent-ils pas l'exemple journalier de semblables inductions? véritables calculs qui ne diffèrent des théories savantes qu'en ce que celles-ci sont plus exactes, ce qui, par une conséquence presque naturelle, complique leur forme; or, c'est uniquement cette complication qui fait qu'on les repousse, comme si nous devions imposer à la vérité les bornes mêmes de notre zèle.

L'opinion qui fait dépendre l'exactitude d'une théorie ou d'une loi de la simplicité de son expression ou de son application, est une vieille erreur philosophique qui a dû prendre son origine quand la physique n'était qu'un tissu d'hypothèses et de systèmes. Alors, les plus faciles à concevoir devaient être admis comme les meilleurs. Aujourd'hui, tout ce qu'il est permis de dire, c'est que tout ce qui est vrai est vrai; tout ce qui est faux est faux : ne nous jugez que d'après cet axiome.

Aux yeux des savans, il n'y a déjà plus ni nouveauté ni mérite à combattre ces préjugés; mais, comme militaire, nous avons à nous faire pardonner d'avoir consacré quelque temps à une question théorique qui se rattache cependant à notre service pendant la paix, à cet art des constructions auquel il faut bien que chacun paie son tribut. Du reste, nous nous sommes contentés de créer les formules; les substitutions de nombres ont été faites par un calculateur, et c'était l'opération la plus longue.

Si l'on y réfléchit, on verra qu'il est sans doute difficile, impossible même de traiter le problème des voûtes avec une complète exactitude en tenant compte de la flexion, surtout quand la flexibilité est variable d'une manière discontinue. Mais une voûte simple sans surcharge, composée de voussoirs peu compressibles, n'en est pas moins une des machines les plus simples qu'on puisse considérer, et l'idée de Coulomb une des théories les plus incontestables et les plus faciles. Il ne s'agit point, en effet, de remonter d'une constitution moléculaire hypothétique à des effets sensibles et appréciables. Au contraire, la pierre est un des corps de la nature qui se rapprochent le plus de cet état abstrait où les suppose la statique rationnelle. Nous sommes donc sûrs d'offrir aux ingénieurs un à peu près qui n'est fondé que sur la simple notion du levier, et dont la recherche peut être comparée à celle du centre de gravité d'un corps avec laquelle elle a une analogie qui est presque de l'identité. Or, qui oserait repousser la théorie des centres de gravité, quelque difficulté de calcul que son application puisse parfois présenter?

On nous permettra d'ajouter qu'il ne faut rien moins que des motifs aussi solides pour faire qu'on se voue, pendant quelque temps, aux conséquences et aux applications d'une théorie dont on n'est pas l'inventeur, et qui ne devrait profiter qu'à son premier auteur si elle était toute spéculative.

Ce n'est point par un amour ridicule pour les chiffres que nous avons recherché quelquefois une exactitude tout-à-fait hors de propos dans l'application, mais bien pour nous procurer des moyens de vérification; et ils ne sauraient être ni trop nombreux, ni trop précis dans un ouvrage de ce genre. On rabattra de nos résultats et de nos méthodes ce que l'on voudra; la base n'en subsistera pas moins, propre à satisfaire celui qui exige beaucoup, comme celui qui exige peu. En toute chose, chacun aime à faire le mieux possible; assez de causes d'erreurs s'introduisent à notre insu. Il serait facile de prouver aux ingénieurs militaires qu'ils reconnaissent tous ce principe, par le soin qu'ils apportent au dessin de tout projet de fortification, véritable analyse par les lignes, dont personne ne voudrait être le premier à réduire l'exactitude scrupuleuse, quoiqu'elle soit en plus d'un point tout-à-fait de luxe.

On ne manquera pas de dire que si l'on s'était mis immédiatement à calculer des tables par les méthodes connues, on n'y eût pas employé plus de temps qu'à faire cette analyse préliminaire et à l'appliquer. Cette objection, adressée à l'auteur, paraît d'autant plus fondée, qu'il a déjà fait un mémoire, inséré au *Mémorial de l'officier du génie*, n° 12, et rempli de moyens de simplification et de calcul qui, alors, lui paraissaient suffisans. Ils le sont, en effet, quand il ne s'agit que de traiter un cas isolé, mais non quand on veut avoir des repères auxquels on applique ensuite la méthode des différences : dans ce cas, il faut au moins quatre décimales exactes. Tous les mathématiciens savent que plus les repères sont distans, plus ils doivent être exacts, et il y a ici un certain milieu à prendre. Traiter un cas isolé ou faire des tables, sont évidemment deux questions très différentes. Du reste, les deux méthodes se perfectionnent et se vérifient mutuellement, et le mémoire cité est une des bases de ce travail, nous y renverrons souvent.

Notre but aujourd'hui est donc de remplacer les substitutions et les tâtonnemens par une résolution directe; et cette méthode, qui peut s'étendre aux anses de panier et aux voûtes elliptiques peu surbaissées, conduira, il faut l'espérer, à des tables générales embrassant tous ces genres de voûte. C'est donc en résumé très peu d'analyse algébrique pour faciliter la recherche d'un nombre immense de résultats numériques; cela doit suffire pour nous justifier aux yeux de ceux qui font le moins de cas de ces sortes d'études, et qui, sans doute, n'accepteront de tout ceci que les tables.

La conséquence du raisonnement qu'on vient de réfuter serait, d'ailleurs, le rejet de tout perfectionnement à une science quelconque qui, lors même qu'elle est encore imparfaite, fournit presque toujours un moyen plus ou moins lent d'arriver à une solution approchée. L'histoire des Mathématiques en fournit un grand nombre d'exemples, que nous pourrions citer.

Comme on le fait pour résoudre la plupart des problèmes d'approximation, nous avons employé les séries à la solution d'équations transcendantes. Il n'y a aucune règle bien générale pour cela. Le procédé par la différentiation successive et le retour inverse des suites, n'est applicable, vu la nature des équations, qu'après des préparations et par quelques artifices qui constituent toute la méthode. Nous avons exclu toute généralité, autre que celle qui convient à la question même, car nos coefficiens sont tous numériques. Nous insistons pour qu'on reconnaisse que cette étude a partout son caractère de spécialité; autrement elle serait à la fois et dénuée d'intérêt et par trop imparfaite. La question se rattache à une des plus difficiles de l'analyse, et les équations sont trop compliquées pour inviter à des recherches plus générales.

Les tables que nous publions sont celles des poussées et des angles de rupture. Les praticiens s'étonneront de ne pas trouver définitivement toutes calculées les épaisseurs des piédroits; mais le travail en eût été beaucoup augmenté. D'ailleurs, l'épaisseur qu'il faut donner à un piédroit dépend du degré de stabilité dont on veut le faire jouir; c'est là un élément qu'il faut conserver variable. Il est même à espérer que plus tard on en viendra à fixer un grand nombre de coefficiens de stabilité, différens, suivant la nature et le but de la construction, ainsi que suivant la qualité des mortiers. Si l'on publiait aujourd'hui des tables d'épaisseur dans une hypothèse particulière de stabilité, on serait sûr de les voir souvent appliquées à des voûtes d'une stabilité toute autre; par là on perdrait le bénéfice de la théorie qui conduit à donner à peu près exactement ce qu'il faut et rien que ce qu'il faut.

On sait aussi que la tenacité des matériaux élémentaires qui composent le piédroit, leur forme et leur arrangement influent beaucoup sur la manière dont il se rompt. Ainsi, l'emploi d'un coefficient de stabilité n'offre lui-même qu'un à peu près qu'il ne faut pas réduire encore.

En opposition avec l'opinion de quelques ingénieurs, nous pensons qu'on doit généraliser le moins possible en fait de théorie sur les constructions, que les types n'y conviennent pas plus qu'en fortification ou en architecture; que chaque problème particulier mérite en quelque sorte une analyse particulière; que les résultats définitifs et les formules qu'on s'efforce de rendre à la fois très simples et applicables à tous les cas, sont l'écueil de la science, que les uns et les autres tendent à la décréditer; que dans beaucoup de questions, les livres ne doivent fournir que des résultats élémentaires; que de cette façon seule, la théorie mérite d'être considérée comme la perfection de l'art, puisqu'elle conduit à concilier, de la manière la plus raisonnable qu'il nous soit donné, à la fois solidité, élégance et économie ; et qu'enfin cette perfection ne saurait être dans l'application aveugle soit d'une formule dont on ne comprend pas la portée, soit d'un nombre déterminé dans des circonstances particulières dont on ne s'enquiert même pas.

Ainsi, par exemple, pour simplifier le calcul des revêtemens et le mettre à la portée des moins zélés comme des moins savans, on a donné une formule où la hauteur des terres au-dessus du cordon n'est pas supposée plus grande que $2^m,50$; on y a presque toujours joint l'hypothèse facile d'un angle de frottement égal à $45°$, et cette formule étendue à plus de cas que ne le désirait, sans doute, son auteur, est probablement la cause de la chute de quelques-uns de nos revêtemens.

Il nous semble que rien ne dispensera jamais l'ingénieur de l'étude approfondie et spéciale du sujet particulier qu'il traite, et que, sans cette étude, la théorie devient plus nuisible qu'utile.

Le but des hommes qui s'occupent du petit nombre des questions scientifiques qui intéressent notre art, doit donc être, suivant nous, de simplifier les applications en conservant aux questions le plus d'indépendance possible ; et jamais au détriment de l'exactitude, de l'exactitude presque parfaite, car il est certain qu'on renchérira encore sur vous. Nous pensons donc que c'est aux élémens de calcul qu'il faut s'attacher ; et c'est simplement un élément de ce genre que nous publions, mais celui de tous ceux appartenant à la question, qui coûte le plus de peine à trouver et avec lequel, au contraire, il ne reste que peu à faire.

M. Petit, capitaine du génie, a déjà tenté la construction de tables, et son mémoire a reçu du Ministre de la Guerre un second prix; mais, comme il n'a fait qu'employer les formules connues avant lui et représentant en quelque sorte la partie analytique du problème à l'état brut, bien qu'il ait fait usage de quelques fonctions angulaires calculées d'avance, il n'a guère pu embrasser qu'une fraction de ce que nous produisons aujourd'hui. Ses tables nous ont été utiles en nous fournissant des limites (1).

M. Petit a paru attacher de l'importance à l'épaisseur du piédroit dont la hauteur est infinie, et il a voulu en faire un moyen commode et rapide d'approximation. Il est impossible de faire quelques substitutions dans l'expression de l'épaisseur sans reconnaître cette limite; et nous, nous y avons été conduit en traçant la courbe de ces épaisseurs. On voit bien alors qu'elle converge vers une asymptote verticale; mais on voit aussi que vers son origine la distance qui les sépare les rend comme étrangères l'une à l'autre, en sorte que la prétendue approximation n'en est une que pour les très grandes hauteurs, celles qui sont les moins usitées, tandis que pour les hauteurs ordinaires elle produirait de plus fortes erreurs que le simple sentiment. Alors, à quoi servirait la théorie? On peut très facilement s'en convaincre en comparant entre eux les nombres mêmes donnés par M. Petit. Personne, par exemple, ne consentira à prendre l'un pour l'autre les deux nombres $1^m,66$ et $3^m,59$, $4^m,16$ et $6^m,25$.

----

(1) Il est peut-être juste de rappeler que notre mémoire inséré au *Mémorial*, n° 12, conjointement avec ceux de MM. Petit et Poncelet, est le premier qui ait été envoyé au Comité sur cette question depuis la publication de celui de M. Audoy et du Cours de M. Persy. Notre mémoire a été remis, en avril 1833, par M. le général Prevost de Vernois. Nous ne faisons cette observation que pour ne pas être accusés,

Du reste, l'observation de la valeur simple de l'épaisseur limite appartient en premier à M. Persy, professeur à l'École de Metz, qui, avec raison, selon nous, a passé légèrement sur elle.

Chaque fois qu'il s'est agi de poussée des voûtes au Comité du génie, on a manifesté le désir de voir produire des tables complètes ; c'est tout-à-fait sous l'influence de ce désir que nous avons entrepris ce travail.

Nous avons été secondé par M. Nousse (1), qui a exécuté la majeure partie des opérations arithmétiques indiquées dans ce mémoire, et qui a lui-même calculé les tables sous notre direction et vérification. Il s'en est tiré avec beaucoup d'intelligence et une conscience digne d'être citée.

---

car, du reste, le fond de ces trois ouvrages ayant presque le même titre, est très différent. Je dois dire que la partie qui concerne la construction des tables a été ajoutée après la présentation du mémoire de M. Petit, en considération de l'importance que le Comité a paru y attacher. On peut, en effet, substituer une hyperbole à la courbe des épaisseurs et introduire dans une table les constantes qui la déterminent : ce sera le meilleur parti à prendre quand on voudra faire des tables d'épaisseurs. Mais on verra dans ce mémoire-ci que la courbe exacte est si facile à décrire, ou qu'avec la Pl. II, comme planchette, on arrive si promptement à l'inconnue, qu'il y a tout avantage à conserver l'indétermination du coefficient de stabilité.

(1) M. Nousse est employé au bureau de M. Émery, ingénieur des Ponts et Chaussées, à Paris.

RÉSUMÉ HISTORIQUE.

§ I. Nous ne voulons résumer l'histoire du problème des voûtes qu'en ce qui touche immédiatement et sert de base à notre travail. Nous ne rappelons donc point les ouvrages de Lahire, Bossut, Prony (1).

Coulomb est le premier qui ait donné la vraie théorie des voûtes, en montrant que le problème dépendait de la recherche de deux maxima et de deux minima; sa solution est, sous le rapport théorique et abstrait aussi complète que possible.

M. Boistard a fait des expériences qui ont montré que les voûtes de faible épaisseur tendent à se rompre par rotation, leurs voussoirs tournant les uns sur les autres, comme des leviers à charnière. Ces expériences ont donné lieu à une théorie nouvelle qu'on trouve dans l'ouvrage de Gauthey.

M. le colonel Audoy a remis en honneur les idées de Coulomb; il a montré que la nouvelle théorie, qui considérait l'équilibre de quatre leviers, revenait exactement à celle de cet ingénieur célèbre. C'était faire faire un grand pas à la science, car la théorie de Coulomb est beaucoup plus simple dans sa forme. C'est ce qu'on appréciera en comparant les notes que M. Navier mettait à l'ouvrage de Gauthey et à la *Science des ingénieurs* de Bélidor, avec les leçons du même savant à l'École des Ponts et Chaussées, leçons publiées depuis le Mémoire de M. Audoy.

Ainsi, la théorie de Coulomb est tout-à-fait d'accord avec les expériences faites; mais elle est plus générale encore, puisqu'elle considère le cas où les voussoirs poussent, en vertu de leur tendance, à glisser les uns sur les autres, et c'est à cette force qu'est due la poussée des voûtes

---

(1) Les n°ˢ 4 et 12 du *Mémorial de l'officier du génie*, les leçons de M. Persy à l'École de Metz, et le cours de M. Navier à celle des Ponts et Chaussées, mettront parfaitement le lecteur au courant de la question, s'il n'y est pas déjà.

d'une grande épaisseur relativement à leur diamètre. Cette généralité a été reproduite dans les Cours de MM. Navier et Persy ; elle est d'ailleurs indiquée par le principe des vitesses virtuelles, qui veut que l'équilibre existe pour tous les mouvemens compatibles avec les liaisons géométriques du système.

Restait la question difficile des applications, en se conformant à la direction des joints de rupture, telle qu'elle a lieu ordinairement, c'est-à-dire normale à la douelle intrados.

M. Audoy, appliquant le calcul à la règle de Coulomb dans l'hypothèse de la rotation des voussoirs, a donné les expressions algébriques dont on doit charger le maximum, quand il s'agit de voûtes en plein ceintre et en anses de panier, extradossées parallèlement, ou recouvertes d'une chape horizontale ou inclinée. De plus, il a introduit la considération des coefficiens de stabilité, et il a donné leur valeur pour chaque espèce de voûte, en les déduisant de l'application de ses formules, à des voûtes éprouvées.

MM. Lamé et Clapeyron ont différentié les expressions dont on vient de parler, alors qu'elles sont les plus simples, c'est-à-dire quand le plein ceintre est extradossé parallèlement ou de niveau. Dans ces deux cas, on a à résoudre des équations transcendantes, et dans le premier, cette équation est assez simple. Comme il ne s'agissait pas pour eux de construire des tables, ils n'ont cherché aucun autre moyen de la résoudre que le tâtonnement. Mais quand on opère ainsi, il n'y a point avantage à effectuer la différentiation ; elle n'est utile, comme on le verra, que lorsqu'on applique ensuite la méthode des séries, qui fournit plus rapidement l'angle de rupture.

M. Persy a reproduit les formules de MM. Audoy, Lamé et Clapeyron, il leur a adjoint les expressions des résistances qu'il calcule par des minima, et celles des poussées dues au glissement. Ces calculs, comme ceux de M. Audoy pour la poussée due à la rotation, consistent dans la recherche d'un moment, ou d'une surface par les méthodes élémentaires d'intégration. Le Cours de M. Persy renferme quelques discussions utiles auxquelles nous renvoyons.

M. Petit a donné des tables pour les pleins ceintres à extrados parallèle, de niveau ou incliné à 45°, mais sans surcharge. Bien qu'il ait calculé un grand nombre de résultats, ses tables n'ont point assez de portée, leur en donner davantage, sans tomber dans l'impossible, est précisément le problème.

M. Poncelet a indiqué un moyen géométrique et d'une exécution facile, quoique longue, de faire les tâtonnemens qui conduisent à la poussée et à l'angle de rupture. Ce moyen ne nous paraît offrir avantage sur les formules que lorsque l'intrados n'est ni circulaire, ni elliptique, ni composé de trois arcs de cercle, c'est-à-dire dans des circonstances très exceptionnelles. Au reste, il est évidemment inapplicable à la construction des tables.

On doit au même ingénieur la valeur exacte des termes dus à la ténacité des mortiers. Enfin, il a déterminé, dans quelques cas de glissement, le véritable point d'application de la poussée, comme je le montrerai.

On connaît encore quelques moyens analytiques et géométriques propres à faciliter les calculs. Tout en réduisant les formules, on peut les généraliser par l'introduction de la surcharge qui ne complique rien. Il existe une méthode pour les anses de panier qui, surtout en y joignant le profil de la voûte, en simplifie beaucoup le calcul. Enfin, on sait que les voûtes elliptiques peu surbaissées, se traitent par des formules tout-à-fait analogues à celles des pleins cintres, et qui ne diffèrent de celles-ci que par les termes constans.

Tel est l'état de la question que nous reprenons aujourd'hui, dans le but seul de la construction des tables. Mais de peur de faire un long ouvrage inutile, il est indispensable d'apprécier d'abord toutes les difficultés du problème.

CONSIDÉRATIONS THÉORIQUES.

§ II. Les expériences de M. Boistard ont fait voir qu'une voûte pouvait se rompre de deux manières. Dans un cas représenté (fig. 1), la clef de la voûte s'abaisse, le joint vertical s'ouvre à l'intrados, il se forme de chaque côté, vers les reins, un autre joint ouvert à l'extrados. Enfin, aux naissances ou à la base des piédroits, lorsqu'il y en a, il se forme deux autres joints, ouverts à l'intrados. C'est là le premier mode de rupture, celui qui a lieu le plus fréquemment.

La poussée est due alors à l'effort que le voussoir $aa'bb'$ exerce au point a' (par voussoir, on entend toute la partie comprise entre deux joints consécutifs de rupture, et particulièrement dans cet ouvrage, entre le joint de la clef et celui des reins). Pour la trouver, il faut, d'après la règle de Coulomb, chercher celui de tous les voussoirs, tels que $aa'bb'$ qui presse le plus fortement le point a'; et pour que la voûte ne se rompe pas, il faut que cet effort ne soit pas capable de renverser en dehors soit un voussoir, soit la demi-voûte entière sur ses naissances, si elle est seule, ou sur la base de ses piédroits, s'il y a des piédroits.

Mais nous admettons que le piédroit n'est pas tellement épais et massif, qu'il y ait lieu à craindre que son renversement ne se fasse pas avant la rupture de la voûte même à ses naissances, ou en tout autre point de sa partie curviligne. Or, c'est là le cas ordinaire de la pratique; et l'ingénieur qui construit une voûte, sait ordinairement, par sa propre expérience, que c'est par une plus ou moins grande épaisseur du piédroit qu'il doit s'opposer à la chute de cette voûte, et qu'elle est elle-même stable et inébranlable sur ses naissances. S'il en doutait, notre opinion est que la théorie, à part quelques cas particuliers, et sans parler de l'impossibilité de faire supporter à telle ou telle espèce de pierre une forte pression, ne peut pas lui indiquer même approximativement quel est le point où il peut accroître la stabilité de sa voûte plutôt par l'augmentation d'épaisseur de celle-ci, que par celle de son piédroit; en d'autres termes, quel est l'instant où cette stabilité n'est nullement dépendante des piédroits, quelque masse qu'on leur donne. C'est ce que je développerai un plus loin.

Dans le second mode de rupture, observé par M. Boistard, et représenté fig. 2, la clef s'élève, le joint de renversement, au lieu d'être le plus éloigné comme précédemment, se trouve le plus rapproché de la clef, et celui qui s'ouvre à l'extrados est au-dessous de lui. Mais comme le piédroit n'a aucune tendance à tomber en dedans, il est évident que ce joint ne saurait être inférieur aux naissances, et la voûte se rompra en laissant ses piédroits intacts.

Dans chacun de ces deux modes de rupture, et tant que la cohésion des matières n'entre pas en compte, c'est indépendamment des piédroits que se fixent le point d'application et l'intensité de la poussée (1).

Il est peut-être nécessaire d'ajouter, pour que l'on comprenne bien ce qui vient d'être dit, que le piédroit, pas plus que la voûte elle-même, n'est supposé d'une seule pièce, mais il est composé d'assises horizontales s'appuyant les unes sur les autres sans force de cohésion, comme les différens voussoirs qui forment la voûte.

On voit assez par ce qui précède, que nous voulons diviser la question générale en deux parties. Dans l'une, *on suppose à la voûte proprement dite, une entière solidité sur ses naissances, à l'épreuve non-seulement de son poids et de ses charges habituelles, mais même de celles qu'elle peut avoir à supporter accidentellement; et ce que l'on se propose de trouver, c'est l'épaisseur qu'il faudra donner à ses piédroits, quand on viendra à la poser sur eux.* Dans l'autre partie, on cherche quels sont les moyens de s'assurer qu'une voûte sans piédroits et limitée à ses naissances, est parfaitement stable (2).

C'est dans cette seconde partie que résident les principales difficultés de la théorie des voûtes; c'est celle que Coulomb a paru donner complète, aussi bien quant aux applications que quant à la science, en joignant au calcul de la puissance, par un maximum, celui des résis-

---

(1) Cette vérité, qui paraît évidente *à priori*, et dont l'expression est de M. Audoy, résume à elle seule l'avantage de la théorie de Coulomb sur celles de Gauthey et Boistard. Mais on doit à M. Poncelet d'avoir montré que dès qu'on tient compte de la cohésion, les piédroits exercent sur la poussée une influence dont il a donné l'appréciation.

(2) Cette division paraîtra empruntée au Mémoire de M. Audoy; mais là, elle semble moins fondée qu'ici, puisque cet auteur en appelle à la théorie de Coulomb pour reconnaître aussi bien l'équilibre d'une voûte sur ses naissances, que son équilibre sur ses piédroits. Au reste, nous ne serions nullement entré dans cette discussion, si, avant de faire des tables, il n'était pas essentiel de voir si leur nombre peut en être réduit. Or, d'après la théorie de Coulomb, ce ne serait pas deux tables de poussées qu'il faudrait, mais quatre : nous avons donc raison d'insister sur ce que cette théorie a d'inapplicable. Nous ne doutons pas que ces difficultés n'aient été senties par M. Audoy, et qu'elles ne l'aient empêché, bien plus que la multiplicité et la longueur des formules, de reproduire les idées de Coulomb dans leur entier et dans leurs conséquences, comme l'a fait M. Persy.

tances, dont le minimum doit être inférieur à la puissance. L'énoncé de cette seconde partie de la question générale peut être celui-ci : *Fixer l'épaisseur convenable d'une voûte, la limite de celle avec laquelle elle peut subsister, l'instant où elle passe d'un mode de rupture à l'autre, quand elle doit se rompre, et lorsqu'elle reste en équilibre, celui où la poussée change de point d'application et passe de l'extrémité supérieure à l'extrémité inférieure du joint vertical.*

Il faut d'abord établir distinction entre les voûtes qui ne sont composées que de voussoirs, dont les joints se prolongent jusqu'à l'extrados normalement à la douelle extérieure, et celles qui sont recouvertes d'un chargement en maçonnerie, dans lequel il existe des joints tout-à-fait différens des premiers. C'est là une espèce de voûte mixte, beaucoup plus en usage que les premières.

Si nous considérons en premier lieu les voûtes composées d'une seule espèce de maçonnerie, nous voyons que leurs voussoirs ne peuvent, sans quelque erreur, être assimilés à des corps parfaitement durs. La pierre est légèrement compressible, et la maçonnerie où il entre du mortier l'est encore plus. Il en résulte que ce n'est point sur leurs arêtes vives que les voussoirs tendent à tourner, mais sur des surfaces d'une certaine étendue; en d'autres termes, il y a en chaque joint un centre de flexion. Où est ce centre? Voilà ce qu'on ne sait point et ce qu'on ne saura jamais. Il faut d'ailleurs remarquer dans la détermination de ce centre de flexion que la résistance à la compression est représentée par une constante qu'on ne connaît pas, et que la résistance à l'extension est supposée nulle au moment du décintrement.

Cependant on conçoit que l'on ait une solution approchée en considérant les voussoirs comme incompressibles de leur nature, et en partant d'un état d'équilibre exact et instable : aussi ce n'est point sous ce rapport que nous attaquons l'insuffisance de la théorie. Dans ce cas, les maxima et les minima de Coulomb conduisent à reconnaître *à priori* lequel des deux modes de rupture tend à se produire. En effet, on est averti de l'absurdité d'un de ces deux modes par la position relative qu'il donne aux joints de rupture, qui ne sauraient être trois de suite ouverts dans le même sens, tant qu'on ne suppose que rotation des voussoirs les uns sur les autres. C'est ce que M. Persy a fait pour la voûte en plein-cintre extradossé parallèlement. Il a ainsi prouvé que cette voûte ne pouvait s'ouvrir, tant qu'elle n'était soumise qu'à son propre poids, que suivant le premier mode de rupture, quelle que fût son épaisseur; et par conséquent que la poussée ne pouvait être appliquée qu'au sommet du joint de la clef. Pour cette espèce de voûte, il a pu donner avec exactitude les limites approchées de son épaisseur minimum.

Mais quand la voûte se compose d'un bandeau recouvert d'un chape, dont le plan supérieur est horizontal ou incliné, et qui est en maçonnerie grossière de moellons, il est évident que cette surcharge ne peut plus être supposée ni incompressible, ni tellement molle, par rapport aux voussoirs qui forment le bandeau, qu'on puisse n'en tenir nullement compte autrement que par son poids. Ici tout est incertain : la direction du joint de rupture dans la chape, la position du centre de flexion et la compression, ou plutôt le moment de la compression sur la partie de ce joint qui est comprimée.

Malgré ces incertitudes, M. Persy, continuant à appliquer rigoureusement la théorie de Coulomb, a donné des formules pour exprimer les résistances dans ces sortes de voûtes; il a supposé que les centres de flexion restaient sur le bandeau, sans doute parce que le bandeau est de maçonnerie plus dure que la chape. Ainsi, suivant lui, la poussée passe par les mêmes points que s'il n'y avait pas de chape, tandis que le joint s'ouvrant à l'intrados, a son centre de flexion sur l'extrados du bandeau même, tout le reste étant soumis à une compression dont M. Persy ne tient nul compte. Aussi n'est-il pas difficile de tirer de ses formules des conséquences que tout le monde repoussera.

Considérez le magasin à poudre de Vauban. Il a 25 pieds de diamètre, 3 pieds d'épaisseur aux reins; une chape, dont le plan supérieur est incliné à $49°7'$ sur la verticale, et des piédroits de 8 pieds de hauteur sur 4 d'épaisseur. La poussée au sommet (non le sommet de la chape, mais celui du bandeau) est, toutes les données étant transformées en mètres, exprimée par le nombre 3,79. Son moment, par rapport à la base, est 28,17. Le moment de la demi-voûte autour de l'arête extérieure de la base du piédroit est 49,748. Donc, dans cette voûte, quand on suppose le renversement se faire sur le joint de la base, le moment de la résistance est à celui de la puissance :: 49,748 : 28,17 ou :: 1,76 : 1. C'est du moins ce qui résulte des formules de M. Persy.

Si, maintenant, au lieu de supposer le joint de renversement à la base, vous le supposez aux naissances, vous trouverez que le rapport de la résistance à la puissance est celui de 4,05 à 3,79, ou celui 1,07 à 1.

Or, comme 1,07 est plus petit que 1,76, il faudrait conclure que la voûte tend à se rompre non à sa base, mais sur ses naissances, c'est-à-dire qu'elle aurait déjà un piédroit trop épais, résultat évidemment démenti par l'expérience, car Vauban a joint à ce piédroit des contreforts; et ceux qui n'emploient pas de contreforts le surépaississent, parce qu'évidemment il est trop faible.

Ce raisonnement est péremptoire, il prouve que les hypothèses faites sont trop inexactes pour donner même une solution approchée; et si elles conduisent à un résultat aussi évidemment faux, pense-t-on qu'on puisse en tirer des choses aussi positives que la limite d'épaisseur, au-delà de laquelle la voûte ne peut plus exister, ou celui des deux modes de rupture qui tend à s'y produire (1).

Nous proscrivons donc toute comparaison de la puissance à la résistance calculée par une opération de minimum, appliquée à des voûtes mixtes. Dans ces voûtes, le centre de flexion des joints de renversement est trop incertain pour tous ceux de ces joints qu'on placerait hors du piédroit; et comme de tous les joints du piédroit celui de la base est celui qui tend le plus à s'ouvrir (ceci est prouvé par la forme même de la courbe des épaisseurs d'un piédroit quand on fait varier sa hauteur, ou, si l'on veut, parce que cette épaisseur croît toujours avec la hauteur), il n'y a d'autre moment de résistance à calculer que le moment du demi-profil entier, par rapport au centre de flexion du joint de la base.

On nous demandera en quoi ce joint présente moins d'incertitude sur la position du centre de flexion. Nous ferons observer que le piédroit n'offrant qu'une seule espèce de maçonnerie et étant ordinairement appareillé avec soin, il y a moins d'inexactitude à le supposer tourner autour de son arête extérieure comme arête vive, soit d'une seule pièce, soit en laissant sur sa base un triangle inébranlable.

Nous ne pensons pas non plus qu'il y ait contradiction à supposer toujours le centre de flexion du joint de la clef situé sur le bandeau, et

---

(1) Ces observations sont extraites du mémoire envoyé au Comité en 1833; elles sont par conséquent antérieures à ce qu'on a écrit depuis sur ce sujet.

à négliger la compression qui se produit sur ce joint prolongé; en effet, 1° négliger les résistances dues à la flexion, c'est calculer des poussées trop fortes, ce qui est à l'avantage de la solidité, et ceci n'est nullement comparable à la détermination *à priori* du mode de rupture et du minimum d'épaisseur de la voûte, détermination pour laquelle la flexion ne peut être négligée; 2° les variations qu'on peut faire subir au point qui sert d'application à la poussée, ont moins d'influence quand on embrasse la voûte et les piédroits entiers, le bras de levier de cette force étant plus considérable; il en est de même des momens de compression ou de flexion sur chaque joint de rupture, ils sont une moindre fraction de la résistance totale; et pour ces deux raisons, on peut remarquer en passant que les résultats de la théorie, aussi imparfaite qu'elle est aujourd'hui, doivent être considérés comme d'autant moins inexacts que la hauteur des piédroits est plus grande. J'ajouterai que dans cette partie de la science où l'on se propose de calculer l'épaisseur du piédroit, on n'a pas la prétention de se passer de l'expérience; et la comparaison qu'on enseigne à établir, n'est point entre les différens élémens d'une même voûte, mais entre deux voûtes de forme analogue, dont l'une, déjà construite, a bien résisté, et dont l'autre est à construire. Il est clair que dans cette comparaison l'influence des erreurs qu'on vient d'énumérer s'affaiblit encore.

Par le même motif, bien qu'une voûte puisse quelquefois soit par sa forme, soit par ses surcharges accidentelles, tendre au deuxième mode de rupture, tant qu'il ne s'agit que de fixer l'épaisseur du piédroit, on peut toujours supposer la poussée appliquée au sommet du bandeau, comme si le premier mode de rupture était seul jamais possible. Le coefficient de stabilité fait ensuite justice de cette erreur. Ainsi, on n'a jamais qu'une seule force et une seule formule à calculer pour une même espèce de voûte, du moins tant qu'il ne s'agit que de la rotation, et ce mouvement est celui qui tend le plus ordinairement à se produire. Si la voûte est très épaisse, c'est encore exclusivement du glissement et d'une seule formule qu'il faudra s'occuper.

Enfin, il peut quelquefois se présenter des doutes sur la manière dont le piédroit se rompra; mais ces doutes concernent seulement ceux qui sont très épais ou armés de contreforts. Si le piédroit est seul, est-il possible que, sa masse ne pouvant se soulever sans rupture, il se subdivise par des plans verticaux? S'il y a des contreforts et qu'ils aient beaucoup de queue, doivent-ils se séparer du piédroit, ou ne former avec lui qu'une seule pièce? Cette dernière question a déjà été traitée par M. le général Prévost de Vernois, dans une note présentée au Comité en 1833. D'après ce général, on a eu tort de supposer que les contreforts du magasin à poudre de Vauban tendent à se séparer du piédroit; la tenacité est toujours assez forte pour que cette séparation n'ait pas lieu. Il résulte de cette nouvelle hypothèse que le coefficient de stabilité des voûtes à l'épreuve de la bombe doit être pris égal à 2,62, et non pas à 2 seulement. C'est un sujet sur lequel nous pourrons revenir, mais qui est étranger au calcul de la poussée, et, par suite, aux tables que nous nous proposons de construire.

Telle est, nous le croyons, la véritable appréciation des difficultés de la théorie des voûtes et aussi de ce qui apparaît comme suffisamment approché au milieu de ce dédale d'impossibilités. Plus l'on s'éloigne de la voûte simple à voussoirs incompressibles, plus ces difficultés augmentent. Il n'est pas à croire que cette théorie se perfectionne jamais d'une manière utile, puisqu'il faudrait pour cela traiter une voûte comme un corps flexible, et les élémens pratiques de cette flexibilité nous échapperont toujours. Sans doute que le problème paraît abordable quand on suppose une compressibilité uniforme dans toute l'étendue du profil; mais cette hypothèse ne s'applique qu'à des voûtes comme il s'en construit peu, et pour lesquelles la théorie actuelle mérite déjà d'être considérée comme suffisamment approchée. On pense bien qu'il n'eût pas été raisonnable d'entreprendre de longs calculs avant de s'être bien rendu compte de leur utilité, de la durée probable que les praticiens donneront à leurs résultats, et de la fraction qu'ils peuvent offrir de la solution générale.

Nous voilà revenus à rendre à la question toute la simplicité qu'elle a dans le mémoire du colonel Audoy, et à conclure que l'on est forcé de s'en tenir à l'expérience pour fixer l'épaisseur propre des voûtes, ou bien à une règle empirique qui s'en déduise comme celle de Péronnet.

Mais il faut au calcul des poussées, dues à la rotation, joindre celui des poussées, dues à la tendance des voussoirs, à glisser les uns sur autres. C'est surtout quand les épaisseurs et les charges sont fortes que le glissement tend à se produire. Il faut donc chercher dans cette hypothèse le voussoir de plus facile rupture; la poussée qu'il exerce ne doit être capable ni de faire glisser un voussoir quelconque de dedans en dehors, ni de renverser le piédroit sur sa base en le faisant tourner. Soit donc G cette poussée, due à la tendance au glissement, soit F celle qui est due à la rotation, je suppose d'abord $G > F$.

Tant qu'on n'admet qu'un glissement des voussoirs sans rotation, le point d'application de G est indéterminé; mais si le voussoir inférieur ou le piédroit tourne au lieu de glisser, et cela a toujours lieu ainsi (car le glissement d'un piédroit sur sa base ne se voit jamais, si ce n'est sur des terres savonneuses, et alors on a recours à des procédés particuliers pour le prévenir) le voussoir supérieur peut aussi tourner en glissant, il le peut précisément, parce que G est plus grand que F, et cette rotation tend à se faire de dedans en dehors, le joint de la clef s'ouvrant à l'extrados comme les deux voisins (*voyez* la fig. 3). Cependant il ne sera pas nécessaire que cette rotation ait lieu, ni que le joint supérieur s'ouvre plus à l'extrados qu'à l'intrados, si la force G peut trouver une position intermédiaire entre a et a', telle que dans cette position elle ne soit plus capable de faire tourner le voussoir supérieur, son bras de levier s'étant raccourci; d'où il suit que lorsqu'on a $G > F$, il faut calculer le moment de rotation du voussoir qui tend le plus à glisser, diviser ce moment par G et porter le résultat sur la verticale, le point ainsi obtenu tombera nécessairement au-dessous de a'; s'il tombe entre a et a', il y aura glissement du voussoir supérieur sans rotation, et ce point sera le point d'application de G, s'il tombe au-dessous de a, le point d'application sera en a, mais la rotation aura lieu en même temps que le glissement et le joint de la clef s'ouvrira à l'extrados. Cette observation appartient à M. Poncelet.

Soit maintenant $F > G$.

Quel que soit le point d'application de la force G, il ne saurait empêcher le voussoir supérieur de tourner; ainsi, dans ce cas, il y a rotation, et la force G est tout-à-fait à négliger.

Quand on a trouvé le point d'application de G entre a et a' ou en a, ainsi qu'il vient d'être dit, il faut prendre le moment de cette force G ainsi placée, par rapport à la base du piédroit, mais nous ne pensons pas qu'il y ait lieu à prendre aussi le moment de F et à faire équilibre au plus grand des deux. Cette dernière opinion, qui appartient à M. Persy, rentrerait dans celle des plus grands momens de poussée à substituer au moment de la plus grande poussée, elle tendrait à faire reparaître l'influence attribuée, par M. Gauthey et Boistard, aux piédroits sur la poussée, influence qui est difficilement admissible quand on ne tient pas compte de la cohésion. La force qui se produit à la clef d'une voûte ou par la réaction d'un revêtement (pour généraliser) est déterminée par des conditions qui ne doivent dépendre que de la partie curviligne de la voûte, la seule qui pousse, ou de la masse de terre adossée au revêtement. Ces forces doivent naturellement être indépendantes de ce qui est en dehors, comme l'arête de rotation d'un piédroit ou d'un revêtement.

Donc, dans la formation des tables, on doit négliger toutes les valeurs de F plus petites que G, et toutes les valeurs de G plus petites que F.

Une autre observation doit trouver ici sa place. Elle s'adresse à ceux qui chercheraient une vérification de la théorie dans l'expérience. Lorsqu'il y a rupture d'une voûte, il n'est pas évident pour nous, comme pour quelques personnes, que c'est le joint le plus facile de rupture qui doit s'ouvrir aux reins; cela supposerait que le voussoir, qui donne le maximum de poussée, peut lui-même se soutenir tout d'une pièce, c'est-à-dire que la voûte est juste infiniment voisine de l'état d'équilibre. Dans tous les autres cas où la voûte est plus ou moins distante de cet état d'équilibre exact, c'est le premier ou le plus petit des voussoirs qui ne peuvent être soutenus, qui doit tomber; et de tous les joints qui peuvent se former aux reins, c'est le plus voisin de la clef qui s'ouvrira. Il semble que dire le contraire, ce serait prétendre que le voussoir minimum peut être soutenu lui-même : ce qui est contraire à la supposition. Au reste, nous énonçons cette opinion comme un doute; il peut se traduire ainsi : Peut-il se produire à la clef une pression plus forte que celle qui est capable de briser la voûte en la faisant tourner en dehors ?

On retrouvera la même question lorsqu'il s'agira de ligne de rupture dans un piédroit simple ou muni de contreforts; mais là il n'y a plus de doute. Dans le cas présent, la solution de cette difficulté a peu d'importance, puisque nous n'opérons que sur des voûtes en équilibre exact. Mais il en résulte qu'une voûte peut se rompre par rotation, alors même que c'est le glissement qui tendrait à produire la plus forte poussée, *et vice versâ*. Sous ce rapport, il pourrait être utile de conserver toutes les valeurs de F et de G.

Ces choses posées, nous prendrons les formules de M. Audoy et Persy au point où ils les ont laissées, et nous leur appliquerons une analyse dont le but sera la détermination de leurs maxima, par les moyens les plus propres à la formation des tables.

Cependant, avant de nous jeter dans ces calculs, je pense qu'il est bon de montrer de suite au lecteur quelles applications auront ces tables, et comment elles conduiront à l'épaisseur du piédroit qui, en définitive, est ce qu'il importe de trouver. Ce sera l'objet du paragraphe suivant.

Dénominations générales et méthode pour calculer l'épaisseur du piédroit, quand on a des tables de poussées.

Voûte extradossée de niveau ou en chape.

§ III. Ainsi qu'on l'a dit dans l'Introduction, nous ne voulons parler ici que des pleins-cintres, et parmi les pleins-cintres de ceux qui sont formés par un bandeau d'égale épaisseur, recouvert d'une maçonnerie, limitée au-dessus par un plan horizontal ou incliné. Cette voûte est donnée par ses élémens, que nous allons désigner et qualifier d'une lettre qui les désignera et qualifiera dans tout le cours de ce mémoire. Parmi ces élémens se trouve la charge; nous donnons ce nom à la hauteur de maçonnerie qui recouvre non pas le bandeau, mais un plan parallèle au plan supérieur de la chape et mené tangentiellement au bandeau. Ainsi cd, fig. 5, est ce que nous appelons la charge. Cette définition diffère de celle que nous avons donnée dans le *Mémorial*, n° 12, où nous appelons souvent charge la hauteur cb. (*Voir* la méthode pour les anses de panier.) La différence de ces deux acceptions vient de ce que dans la construction des tables il faut adopter pour élémens des quantités qu'on puisse faire croître par degrés égaux à partir de zéro: ce qui ne peut avoir lieu pour cb. Cependant, nous ferons souvent usage de cette dernière ligne, et pour cela nous lui attribuerons la lettre C', tandis que la charge sera désignée par C.

Quand c'est de la terre qui pèse comme surcharge au-dessus de la chape, on remplace cette terre par une hauteur proportionnelle de maçonnerie; ce qui peut obliger à changer l'inclinaison de la chape, non en réalité, mais hypothétiquement, et à remplacer pour le calcul la voûte donnée par une autre de même intrados et de même épaisseur, mais d'un angle différent.

Ainsi, si γ est le rapport de la densité de la terre à celle de la maçonnerie; si I est l'inclinaison du plan de la chape sur l'horizon, et I' celle du plan supérieur qui limite la terre, il est facile de prouver que la voûte à traiter aura pour inclinaison de chape l'angle i déterminé par la relation

$$\tang i = (1-\gamma) \tang \text{I} + \gamma \tang \text{I}'.$$

Nous regardons donc comme bien entendu, que toute voûte recouverte de terre ou d'une maçonnerie différente de la sienne sera remplacée par une autre voûte hypothétique, à laquelle on appliquera les méthodes données dans ce mémoire ainsi que les désignations suivantes:

R le rayon de l'intrados.
a l'épaisseur du bandeau.
α le rapport de l'épaisseur du bandeau au rayon.
i l'inclinaison du plan de la chape sur l'horizontale.
C la hauteur de la charge au-dessus de la chape, c son rapport au rayon.
C' la hauteur de la charge au-dessus du bandeau, c' son rapport au rayon.
F le rapport de la poussée au carré du rayon. Quand la poussée sera due au glissement, on substituera à F la force G : toutes deux sont données par nos tables.
L la hauteur du point d'application de la poussée au-dessus du plan des naissances. Ordinairement $L = R + a$.
H la hauteur des naissances au-dessus de la base, autrement dit la hauteur des piédroits.
e l'épaisseur du piédroit ; ϵ son rapport au rayon.
μ le coefficient de stabilité, égal à 1 pour l'équilibre strict; égal à 2 et même 2,62 dans nos constructions militaires, et pour des mortiers non hydrauliques.

Ces choses posées, revenant à la détermination de l'épaisseur du piédroit, nous formons l'équation suivante d'équilibre:

$$(1)\quad \mu F(L+H) = R^2\left(\frac{C}{2}+\frac{R+a}{2\cos i}-0{,}45206\,R-R\frac{\tang i}{6}\right)$$
$$+eR\left(C+\frac{R+a}{\cos i}-\frac{R\tang i}{2}-\frac{\pi R}{4}\right)$$
$$+\frac{e^2}{2}\left(H+C+\frac{R+a}{\cos i}-R\tang i\right)$$
$$-e^3\frac{\tang i}{6}.$$

Cette équation, ordonnée par rapport à e, serait longue à résoudre par les méthodes ordinaires, et encore longue si on lui appliquait, par approximation, la solution de l'équation du 2e degré. Il est beaucoup plus simple de la mettre sous la forme suivante, où C' a remplacé C.

$$(2)\quad H = \frac{\frac{(1+\epsilon)^2}{2}(C'+R+a)-\left\{\mu FL+\frac{(1+\epsilon)^3}{6}R\tang i+\left(\frac{\pi}{4}i+0{,}45206\right)R\right\}}{\mu F-\frac{\epsilon^2}{2}}.$$

L'usage de quelques constructeurs est de prendre pour épaisseur du piédroit le $\frac{1}{3}$ de l'ouverture, d'autres la moitié, d'autres le $\frac{1}{4}$. Ce qui ferait ϵ égal à $\frac{2}{3}$, 1 ou $\frac{1}{2}$. Ces variations prouvent combien on a besoin d'un guide éclairé à substituer à ces routines, qui appartiennent cependant à des hommes d'expérience. La vraie valeur de ϵ est celle qui, substituée dans cette dernière équation, la vérifie. Or, telle qu'est disposée cette équation, elle rend très facile les tâtonnemens quand on a une table formée d'avance des coefficients suivans:

$$E = \frac{(1+\epsilon)^2}{2},$$
$$E' = \frac{\pi}{4}i+0{,}45206,$$
$$E'' = \frac{(1+\epsilon)^3}{6},$$
$$E''' = \frac{\epsilon^2}{2}.$$

Si l'on se reporte à la fig. 5 on verra que $C'+R+a$ est la hauteur du faite de la chape au-dessus des naissances, hauteur qui est donnée ordinairement, et qui, d'ailleurs, peut se mesurer sur l'épure. Il en sera de même de L, de R et R tang i ; en sorte que rien ne sera plus facile que de faire des substitutions dans la formule

$$H = \frac{E(C' + R + a) - \{\mu FL + E''R \tan g\, i + E'R\}}{\mu F - E''}$$

Voici le tableau des coefficiens calculés de 10° en 10° du rayon.

	$i=0$	0,1	0,2	0,3	0,4	0,5	0,6	0,7	0,8	0,9	1,0
E	0,5	0,605	0,72	0,845	0,98	1,125	1,28	1,445	1,62	1,805	2
E'	0,4521	0,5306	0,6091	0,6877	0,7662	0,8448	0,9233	1,0018	1,0804	1,1589	1,2375
E"	0,1667	0,2218	0,2880	0,3662	0,4573	0,5625	0,6826	0,8188	0,9720	1,1432	1,3333
E‴	0	0,005	0,02	0,045	0,08	0,125	0,18	0,245	0,32	0,405	0,5

On prendra donc une épaisseur de piédroit égale au rayon, on la divisera en cinq parties, ou en dix si l'on veut plus d'exactitude, et l'on construira par points la courbe qui lie l'épaisseur et la hauteur. On pourra y joindre l'asymptote; mais, en général, trois points dans le voisinage de l'épaisseur cherchée suffiront. La division du rayon en cinq parties offre autant de précision qu'il en faut.

Cette solution est déjà fort simple ; mais elle peut le devenir davantage si l'on consent à faire usage de la planche 2 comme planchette. Supposons d'abord la poussée appliquée au sommet du bandeau, comme cela a presque toujours lieu, ce qui s'exprime par L=R+a. L'équation qui donne la valeur de H peut être mise sous la forme

(3) $(0,5 + 1 - E')+(0,5 + 1)\frac{a}{R} - \frac{H+R+a}{R}(\mu F - E'') + E\frac{C'}{R} = E'' \tan g\, i$,

D'où suit la règle

Règle pour trouver l'épaisseur d'un piédroit, en se servant de la planche 2 comme planchette.

Une voûte extradossée en chape étant donnée avec surcharge en maçonnerie, prenez le rapport a de l'épaisseur a au rayon de l'extrados R, le rapport c de la charge C au même rayon ; cherchez dans les tables la valeur de F ou de G qui correspond aux trois élémens i, a, c; i étant l'inclinaison du plan de la chape sur l'horizon ; multipliez la plus grande des deux valeurs de F ou de G par le coefficient de stabilité que vous avez choisi, et portez le produit sur l'horizontale de la fig. 2, à partir de o, le décimètre étant l'unité ; vous fixez ainsi un point par lequel vous faites passer deux lignes inclinées que vous tracez au crayon, de manière à ce que leur angle aigu, tourné vers le o, soit à peu près divisé en deux parties égales par l'horizontale ; et, de plus, que cet angle soutende à une distance égale à R une longueur d'ordonnée égale à H+R+a.

Sur la fig. 1, à partir du point isolé marqué par un trait, vous menez une ligne sous l'inclinaison $\frac{a}{R}$.

Sur la fig. 2, une autre sous l'inclinaison $\frac{C'}{R}$, C' étant la hauteur de charge au-dessus du bandeau et pouvant se déduire de C par la relation $C' = C + (R+a)\,\mathrm{tang}\,i\,\mathrm{tang}\,\frac{i}{2}$; mais il est plus facile de la mesurer sur la voûte.

Sur la fig. 3, une ligne sous l'inclinaison i.

Cela fait, si vous soupçonnez que l'épaisseur cherchée soit à peu près les 0,6 du rayon, vous prenez sur la fig. 1, avec le compas, la portion de l'ordonnée cotée 0,6, comprise entre les deux lignes inclinées, vous la portez sur la fig. 2, de manière à en retrancher la portion d'ordonnée de même cote, comprise entre les deux lignes inclinées de cette figure.

La différence se porte sur l'ordonnée 0,6 de la fig. 3, s'ajoutant ou se retranchant, suivant que c'est la fig. 1 ou la fig. 2 qui l'a emporté.

Le résultat se porte enfin sur l'ordonnée 0,6 de la fig. 4, au-dessous de la ligne inclinée quand il est positif, et au-dessus quand il est négatif.

En faisant cette opération pour trois ou quatre ordonnées, vous trouvez, sur la fig. 4, un arc de courbe dont l'intersection avec l'horizontale fixera le vrai rapport de l'épaisseur cherchée au rayon, les divisions cotées exprimant des dixièmes, les subdivisions des 100ᵉ ; en sorte que dans l'exemple traité sur la planche 2, l'épaisseur est les 0,73 du rayon. Le chiffre des millièmes peut se calculer à l'estime; et si l'opération est faite avec soin, elle comportera généralement l'approximation de 0,005 du rayon.

Si, au lieu de passer par le sommet du bandeau, la poussée passait en-dessous, on ferait l'opération qui vient d'être décrite; et une fois la courbe tracée, on en décrirait au-dessus d'elle une autre, dont les ordonnées auraient, avec celles de la première, les différences qui seraient exprimées par les longueurs d'ordonnées, comprises entre l'horizontale de la fig. 2, et une ligne partant du zéro et inclinée sur elle d'une quantité égale au petit abaissement de la poussée divisé par le rayon. Ce serait donc une droite et une courbe de plus à tracer.

Nous ne croyons pas qu'il soit possible de trouver une seconde solution aussi générale et plus simple que celle qu'on vient de décrire. La construction de la planchette est facile à faire une fois pour toutes; et, au besoin, on se servira de la planche même de notre mémoire, en la recouvrant d'une feuille mince de papier végétal, et en se ressouvenant que les lignes ponctuées n'appartiennent pas à la planchette, mais à l'exemple particulier traité par nous, pour donner l'intelligence du texte. Voici, du reste, sa construction :

La figure 1 fournit la somme des deux premiers termes de l'équation (3), savoir, $(0,5 + \varepsilon - E') + (0,5 + \varepsilon)\frac{a}{R}$. L'intervalle des ordonnées est de 1 centimètre.

La fig. 2 fournit le troisième terme $-\frac{H+R+a}{R}(\mu F - E''')$. Les ordonnées sont à des distances du zéro marqués par les diverses valeurs du coefficient E''' inscrites au tableau qui précède, le décimètre étant pris pour unité.

La figure 3 donne le terme $+E\frac{C}{R}$. Les ordonnées sont distantes du point marqué par un trait, de quantités représentant le coefficient E.

La figure 4 représente E'' tang i, les distances au point qui fait le sommet de l'angle i étant égales aux valeurs successives du coefficient E''.

Tel est l'avantage de cette méthode qu'elle tient lieu de tables en conservant toute la généralité du problème. Nous avons déjà exprimé notre opinion sur les tables de résultats définitifs; si elles ne devaient être considérées que comme des indications à modifier ensuite suivant les circonstances, elles perdraient tout leur avantage, car comment faire ces modifications? et si elles doivent être prises partout à la lettre elles sont dangereuses. La théorie doit se prêter à l'expérience locale, par conséquent ses résultats ne doivent pas être généraux.

Si malgré ces observations on voulait construire des tables dans une hypothèse donnée de stabilité, la même méthode s'y prêterait facilement, et se simplifierait même. En effet, ainsi que nous l'avons dit dans le mémorial n° 12, il suffirait de calculer les épaisseurs correspondantes à trois valeurs de H, savoir $H = \infty$, $H = 0$ et $H = R$. Pour $H = \infty$, on a $\epsilon = \sqrt{2\mu F}$, en sorte que l'on ferait d'abord deux planchettes l'une pour les valeurs de ϵ correspondant à $H = 0$, l'autre pour les valeurs qui correspondent à $H = R$, et cela simplifierait notre construction en réduisant le nombre des figures de la planche 2. Mais, ainsi qu'on l'a dit dans l'introduction, il y aurait à craindre que les ingénieurs, pressés par le temps, ne généralisassent trop les résultats inscrits dans ces tables.

Voûte extradossée parallèlement.

Quand le bandeau n'est pas recouvert d'une chape, les méthodes qui précèdent se simplifient beaucoup; on trouve alors

$$H = \frac{E'a(\alpha+2) - \mu F L - \frac{a}{3}(1+\alpha)^2}{\mu F - E''}$$

ordinairement $L = R + a$, en sorte que cette équation se transforme en

$$\frac{H}{R+a} = \frac{E'\frac{\alpha(\alpha+2)}{\alpha+1} - \mu F - \frac{\alpha(1+\alpha)}{3}}{\mu F - E''},$$

ou bien

$$(\mu F - E'')\frac{H}{R+a} = \frac{\pi}{4}(1+0,5756)\frac{\alpha(\alpha+2)}{\alpha+1} - \left(\mu F + \frac{\alpha(\alpha+1)}{3}\right).$$

D'où l'on déduit cette règle: *Sur l'horizontale de la fig. 1, pl. 2 et à gauche du zéro fixer un point qui en soit distant de 0,5756, le décimètre étant l'unité, et par ce point tracer au-dessus de l'horizontale et vers la droite une ligne inclinée de la quantité* $0,6976 \cdot \frac{\alpha(\alpha+2)}{\alpha+1}$, α *étant le rapport de l'épaisseur au rayon intrados; mener au-dessus de l'horizontale et parallèlement à elle une ligne qui en soit distante de la quantité* $\mu F + \frac{\alpha(\alpha+1)}{3}$; *sur la fig. 2, porter à droite du zéro la longueur* μF, *et, par* le point ainsi fixé mener une ligne dont la partie supérieure tournée vers le o soit inclinée de la quantité $\frac{H}{R+a}$, H étant la hauteur du piédroit ; ajouter les ordonnées positives de cette ligne inclinée à celles de la parallèle horizontale qu'on vient de tracer sur la fig. 1, l'intersection de la courbe qu'on décrira ainsi avec la ligne inclinée qu'on vient également de tracer sur cette fig. 1 déterminera par sa distance à la verticale du o le rapport de l'épaisseur cherchée au rayon.

Recherche de l'angle de rupture et de la poussée des voûtes en plein-cintre extradossées parallèlement.

Poussée due à la rotation.

§ IV. Cette voûte est celle à laquelle il est le plus facile d'appliquer l'analyse, car le problème ne présente qu'une seule variable indépendante, qui est le rapport de l'épaisseur au rayon de l'intrados. C'est aussi celle pour laquelle les résultats de l'expérience doivent différer le moins de ceux du calcul, car il n'y a ici aucune incertitude sur la direction des joints. On a déjà dit que cette espèce de voûte n'était susceptible que du premier mode de rupture, la clé s'abaissant et la poussée passant par le sommet du joint vertical.

Soit : α le rapport de l'épaisseur au rayon que l'on fait égal à 1.
z l'angle d'un joint quelconque, avec l'axe vertical de la voûte.
Z l'angle du joint de rupture aux reins avec l'axe de la voûte.
F la poussée.

On trouve par la théorie des moments et en vertu du théorème de Coulomb, que F est donnée par le maximum de

$$(1) \quad F' = \frac{3\{(1+\alpha)^2 - 1\} z \sin z - 2(1 - \cos z)[(1+\alpha)^3 - 1]}{6(\alpha + 1 - \cos z)}.$$

Cette quantité F' est la pression exercée en particulier par chaque voussoir dont l'angle est z.

Il résulte de l'analyse qui va suivre que l'on a :

$$(2) \quad Z = 57°293 + \theta - A\left(\frac{\theta}{10}\right)^2 + B\left(\frac{\theta}{10}\right)^3 - C\left(\frac{\theta}{10}\right)^4 + \text{etc.},$$

$$\theta = \frac{49,594\,(\alpha + 1,69043)\,(\alpha - 0,15371)\,(0,99987 - \alpha)}{(\alpha + 2)(\alpha + 0,45970)},$$

$$A = \frac{1,1454\,(\alpha + 1,10082)}{\alpha + 0,45970},$$

$$B = 0,20458 + \frac{0,19686\,(\alpha + 1,00759)}{(\alpha + 0,45970)^2},$$

$$C = \frac{0,04717\,\alpha^3 + 0,14263\,\alpha^2 + 0,09471\,\alpha + 0,05449}{(\alpha + 0,45970)^3}.$$

Plusieurs termes de ces différents coefficients sont facilement calculables par logarithmes. Les tables de Lalande sont ici les seules à employer.

Il s'en faut que pour trouver Z il faille employer tous les termes que nous rapportons ici. Dans les limites ordinaires de grandeur de α, les seules usitées dans la pratique, il suffit des deux premiers termes

$$Z = 57°,293 + \theta$$

lesquels donnent une exactitude de 1° environ. Cette exactitude sera suffisante quand la substitution sera faite dans l'équation (1) ou toute autre s'en déduisant par seule voie de simplification. Mais il vaut mieux employer un terme de plus, celui en θ^2 pour avoir plus d'exactitude dans la valeur de l'angle Z puis substituer le résultat dans l'équation :

$$(3) \qquad F = \alpha \left\{ \left(1 + \frac{\alpha}{2}\right) Z \cot Z - \alpha \left(\frac{1}{2} + \frac{\alpha}{3}\right) \right\},$$

et quand le rayon, au lieu d'être égal à 1, sera R, il faudra multiplier le nombre F par R^2.

Démonstration. MM. Lamé et Clapeyron ont différentié l'équation (1), et ils sont arrivés à la suivante reproduite par M. Persy dans son cours de construction, et par M. Petit (*Mémorial de l'offic. du génie*, n° 12).

$$\cos z + \frac{z}{\sin z} - (1 + \alpha) z \cot z = 1 + \alpha - \frac{2}{3} \cdot \frac{(1+\alpha)^3 - 1}{\alpha + 2}.$$

Jusqu'ici on n'a résolu cette équation que par tâtonnement. Mais on va voir qu'elle peut se résoudre très approximativement par les séries. On trouve dans le calcul différentiel d'Euler et dans les exercices de calcul intégral de Legendre, les deux développements suivants :

$$\frac{z}{\sin z} = 1 + (2^1 - 1) H_1 z^2 + \frac{2^3 - 1}{2^2} H_2 z^4 + \frac{2^5 - 1}{2^4} H_3 z^6 + \text{etc.},$$

$$z \cot z = 1 - 2 H_1 z^2 - 2 H_2 z^4 - 2 H_3 z^6 - \text{etc.}$$

Les coefficients H_1, H_2, H_3, ayant les valeurs

$$H_1 = \frac{1}{6}, \quad H_2 = \frac{1}{90}, \quad H_3 = \frac{1}{945}, \quad H_5 = \frac{1}{93555}, \quad H_6 = \frac{691}{636460825},$$

$H_7 = 0,000000010963$, $H_8 = 0,000000001110$, $H_9 = 0,000000000112$, etc.

En général, $H_m = \frac{S_{2m}}{\pi^{2m}}$, ϖ étant le rapport la circonférence au diamètre et

$$S_{2m} = 1 + \frac{1}{2^{2m}} + \frac{1}{3^{2m}} + \frac{1}{4^{2m}} + \text{etc.}$$

Voyez la table des logarithmes de H_1, H_2, H_3.... Pag. 185, tom. III des *Exercices de calcul intégral*.

On déduit de là

$$\frac{z}{\sin z} - z \cot z = 3 H_1 z^2 + \left(4 - \frac{1}{2^2}\right) H_2 z^4 + \left(4 - \frac{4}{2^4}\right) H_3 z^6 + \left(4 - \frac{1}{2^6}\right) H_4 z^8 + \text{ect.}$$

Sous cette forme le calcul des coefficients des puissances de z est extrêmement aisé, et l'on a

$$3 H_1 = 0{,}5$$
$$\left(4 - \frac{1}{2^2}\right) H_2 = 0{,}041\,666\,666,$$
$$\left(4 - \frac{1}{2^4}\right) H_3 = 0{,}004\,166\,666,$$
$$\left(4 - \frac{1}{2^6}\right) H_4 = 0{,}000\,421\,627,$$
$$\left(4 - \frac{1}{2^8}\right) H_5 = 0{,}000\,042\,713\,8,$$
$$\left(4 - \frac{1}{2^{10}}\right) H_6 = 0{,}000\,004\,327\,75,$$
$$\left(4 - \frac{1}{2^{12}}\right) H_7 = 0{,}000\,000\,438\,492,$$
$$\left(4 - \frac{1}{2^{14}}\right) H_8 = 0{,}000\,000\,044\,428,$$
$$\left(4 - \frac{1}{2^{16}}\right) H_9 = 0{,}000\,000\,004\,501\,5,$$

Si l'on désigne la fonction $\frac{z}{\sin z} - z \cot z$ par $f(z)$ et ses dérivées successives par $f'(z)$, $f''(z)$, $f'''(z)$, etc.; puis qu'on suppose à z une valeur linéaire égale à 1, qui correspond à une valeur angulaire égale à $57° \ 17' \ 44''{,}81$ ou $57°{,}293$, il sera facile d'obtenir les valeurs particulières : $f(1)$, $f'(1)$, $\frac{1}{2}f''(1)$, $\frac{1}{6}f'''(1)$, $\frac{1}{24}f^{iv}(1)$, etc. et de reconnaître par la loi même de leur formation arithmétique non-seulement leur décroissement, mais encore le nombre des décimales dont on peut répondre dans leurs valeurs numériques. On trouvera en se contentant de cinq décimales,

$$f(1) = 0,546\ 303,$$
$$f'(1) = 1,195\ 53,$$
$$\tfrac{1}{2} f''(1) = 0,826\ 56,$$
$$\tfrac{1}{6} f'''(1) = 0,27987,$$
$$\tfrac{1}{24} f^{\text{iv}}(1) = 0,145\ 3,$$
$$\tfrac{1}{120} f^{\text{v}}(1) = 0,063\ 8.$$

A l'aide de ces nombres et du théorème de Taylor, on peut former la série qui résulte de la substitution de $1+x$ à la place de z dans $f(z)$, x étant une petite fraction.

$f(z) = 0,546303 + 1,19553x + 0,82656x^2 + 0,27987x^3 + 0,1453x^4 + 0,0638x^5 +$ etc.

Le développement de $z \cot z$ s'obtient plus facilement encore par le même procédé et l'on a

$z \cot z = 0,642093 - 0,77019x - 0,50545x^2 - 0,14616x^3 - 0,0745x^4 - 0,0032x^5 -$ etc.

Enfin, on sait que
$$\cos z = \cos(1) - x \sin(1) - \frac{x^2}{1.2}\cos(1) + \frac{x^3}{1.2.3}\sin(1) + \frac{x^4}{1.2.3.4.5}\cos(1) - \text{etc.}$$

Ici, $\sin(1)$ et $\cos(1)$ sont les sinus et cosinus de l'arc dont la longueur est 1, et l'on a

$\cos z = 0,540302 - 0,84147x - 0,27015x^2 + 0,14024x^3 + 0,0225x^4 - 0,0070x^5 -$ etc.

Si l'on réunit ces trois séries dans l'équation que nous voulons résoudre, on obtiendra

$$x = \frac{-0,519630 + 3,59274a - 1,07372a^2 - 2a^3}{3(a+2)(0,35406 + 0,77019a)}$$
$$- \frac{0,55641 + 0,50545a}{0,35406 + 0,77019a} x^2 - \frac{0,42011 + 0,14616a}{0,35406 + 0,77019a} x^3$$
$$- \frac{0,1678 + 0,0745a}{0,35406 + 0,77019a} x^4 - \frac{0,0568 + 0,0032a}{0,35406 + 0,77019a} x^5 - \text{etc.}$$

En revenant de la quantité linéaire x au nombre de degrés ou de parties de degré qu'elle représente, nombre que je désigne par $x°$ et mettant chaque coefficient sous la forme de facteurs :

$$x^\circ = 49,594\frac{(\alpha+1,69043)(\alpha-0,15371)(0,99987-\alpha)}{(\alpha+2)(\alpha+0,45970)}$$

$$-\frac{1,1454(\alpha+1,10082)}{\alpha+0,45970}\left(\frac{x^\circ}{10}\right)^2 - \frac{0,05781(\alpha+2,8743)}{\alpha+0,45970}\left(\frac{x^\circ}{10}\right)^3$$

$$-\frac{0,005141(\alpha+2,2523)}{\alpha+0,45970}\left(\frac{x^\circ}{10}\right)^4 - \frac{0,00003855(\alpha+17,750)}{\alpha+0,45970}\left(\frac{x^\circ}{10}\right)^5 - \text{etc.}$$

Ce nombre ajouté à $57^\circ,293$ doit donner l'angle de rupture. Quoique cette dernière forme soit peut-être la plus commode pour le calcul arithmétique de x°, on a préféré lui appliquer la formule d'Euler pour le retour inverse des suites et la présenter sous la forme (2).

Exemple. Soit $\alpha = 0,1$, on trouvera

$$Z = 57^\circ,293 - 3^\circ,650 - 0^\circ,327 - 0^\circ,044 - 0,006 = 53^\circ,266 = 53^\circ\,15'\,58'';$$

dès le troisième terme, qui est celui en θ°, on a l'approximation de $\frac{1}{25}$ de degrés environ.

J'ai vérifié ce dernier calcul et, par conséquent, les formules qui l'ont donné par les substitutions suivantes :

$$z = 53^\circ\,15',\quad F' = 0,0675 1928,$$
$$z = 53^\circ\,17',\quad F' = 0,0675 1937,$$
$$z = 53^\circ\,19',\quad F' = 0,0675 1924.$$

La valeur de F est donc, dans cet exemple, $0,0675 1937$. M. Petit a trouvé $0,06754$, la différence est insignifiante, mais je la cite parce qu'elle est une preuve de ce qui va être dit plus bas sur le calcul de F.

Discussion sur le calcul de la poussée.

L'équation (3) est fondée sur l'artifice suivant, qui est dû à M. Persy et qu'il est utile de discuter, non pour le genre de voûte que nous étudions, mais pour les autres.

Si $\frac{R}{Q}$ est une quantité dont on cherche le maximum, sa différentielle égalée à o donne $RdQ - QdR = 0$, d'où $\frac{R}{Q} = \frac{dR}{dQ}$. Cette équation n'a lieu que pour le maximum, et pour calculer celui-ci il peut paraître préférable de chercher $\frac{dR}{dQ}$ à la place de $\frac{R}{Q}$. C'est cette méthode que M. Petit a suivie dans le calcul des tables citées.

Pour l'apprécier, substituons à $Z \cot Z$ son développement, quand on fait $Z = 1 + x$. On trouvera

$$F = 0,64209 \frac{(1+\alpha)^2 - 1}{2} - \alpha^2 \left(\frac{1}{2} + \frac{\alpha}{3}\right)$$

$$- 0,77019 \frac{(1+\alpha)^2 - 1}{2} x - 0,50545 \frac{(1+\alpha)^2 - 1}{2} x^2 - \text{etc.}$$

Supposez une erreur de 1° dans la valeur de $x°$, ce qui fait une erreur de $\frac{\pi}{180}$ dans celle de x, l'erreur de F sera

$$0,77019 \frac{(1+\alpha)^2 - 1}{2} \frac{\pi}{180} = 0,0067 \alpha \left(1 + \frac{\alpha}{2}\right),$$

cette quantité peut être considérable. Si $\alpha = \frac{1}{2}$, elle devient $0,0042$; or, dans ce cas, $F = 0,1722$, l'erreur est donc $\frac{42}{1722} = \frac{1}{41}$ de la poussée, ce qui est beaucoup trop pour des nombres conservés en forme de tables.

Au contraire, en faisant des substitutions dans l'équation (1) on trouve

$$z = 62°, \quad F' = 0,17185,$$
$$z = 63°, \quad F' = 0,17210,$$
$$z = 64°, \quad F' = 0,17220,$$
$$z = 65°, \quad F' = 0,17215,$$
$$z = 66°, \quad F' = 0,17197;$$

ici une erreur dans la valeur de Z, quand cette erreur est plus grande que 1°, mais plus petite que 2°, donne une approximation de $\frac{1}{1722}$ de la poussée. Une erreur comprise entre 2 et 3 degrés en donne une du $\frac{1}{500}$ de la poussée, ce qui est plus d'exactitude encore qu'il n'en faut.

Donc, toutes les fois qu'on ne peut pas ou qu'on ne veut pas calculer l'angle de rupture avec plus de précision que 1 à 2 degrés, c'est dans la valeur même de la poussée non différentiée qu'il faut substituer cet angle de rupture, et ne se servir de l'équation différentiée que lorsqu'on peut calculer cet angle avec la précision de $\frac{1}{4}$ ou $\frac{1}{5}$ de degré.

La raison de cette différence entre les deux formules est évidente; l'une d'elles représente une quantité qui, proche de son maximum, varie par des accroissements insensibles, et l'on ne peut pas en dire autant de l'autre.

Il est clair qu'on doit, par analogie, étendre ces conclusions aux formules propres à tous les genres de voûtes; ainsi pour n'avoir pas à chercher l'angle de rupture avec une précision qui quelquefois entraînerait dans de longs calculs, et pour n'avoir jamais à faire usage que des fonctions angulaires calculées de degré en degré et rapportées dans notre mémoire du mémorial n° 12, nous ne reviendrons plus sur cette méthode de M. Persy. Le cas présent est le seul où elle soit applicable parce que la valeur de Z s'obtient très aisément avec l'approximation nécessaire, puisque nous avons plusieurs termes de la série qui la représente, et que ces termes sont simples.

Ces détails ne sauraient paraître superflus, car ils sont d'un très grand intérêt pour celui qui va construire des tables.

Dans la pratique il est clair qu'une erreur de $\frac{1}{41}$ de la poussée est peu de chose; considérez, d'ailleurs, que cette fraction $\frac{1}{41}$ est une limite, et vous serez conduits à négliger x^2 et les puissances ultérieures de x dans la valeur de F comme dans celle de l'angle de rupture, d'où résultera l'expression suivante, facilement calculable par logarithmes :

$$F = \frac{0,1532 \alpha (\alpha + 1,7106)(1,4565 - \alpha)}{\alpha + 0,4597} R^2.$$

Pour les voûtes des ponts cette formule est très approchée; en général elle peut tenir lieu de table. Nous renvoyons du reste à celle qui a été publiée par M. Petit (*Mémorial*, n° 12); nous n'avons traité ce sujet que dans le but de faire voir la méthode qu'il eût fallu suivre pour la calculer avec une grande promptitude, et surtout de donner sur l'exemple le plus simple la solution qui, appliquée aux autres voûtes, a permis de construire aussi des tables pour elles.

Si je ne craignais encore de multiplier les formules, je traiterais ici le cas d'une surcharge en terre ou en maçonnerie, d'une densité différente de celle du bandeau. C'est bien à tort que M. Petit a considéré ce cas comme difficile, car il rentre presque identiquement dans celui des voûtes extradossées en chape. On peut facilement reconnaître que le moment d'un voussoir de cette voûte mixte est égal à la différence entre le moment d'un voussoir de voûte extradossée en chape, et le moment d'un voussoir extradossé parallèlement, le premier étant multiplié par la densité de la terre, le second par l'excès de la densité de la maçonnerie sur celle de la terre (1). Je renvoie donc à mon mémoire déjà cité plusieurs fois, mon but n'étant ici que de traiter de la construction des tables, et non de cas isolés pour le calcul desquels je n'ai rien à ajouter à ce qui se trouve dans ledit mémoire.

Je passe à la poussée due au glissement. Soit G cette poussée, il est facile de prouver que G est le maximum de *Poussée due au glissement.*

$$G' = \frac{\alpha (\alpha + 2)}{2} \cdot \frac{z}{\tan g (z + \varphi)},$$

φ étant l'angle du frottement, c'est-à-dire l'angle que fait avec l'horizon le plan incliné sur lequel les matériaux qui composent la voûte commencent à glisser ; il s'agit de trouver le maximum de $\frac{z}{\tan g (z + \varphi)}$ et d'abord l'angle Z qui le donne.

Différentiez, vous aurez pour équation de condition

$$2 (z + \varphi) - \sin 2 (z + \varphi) = 2\varphi.$$

La longueur de l'arc $z + \varphi$ diffère peu de l'unité ; je pose donc

---

(1) Et si la surface supérieure était courbe comme AX, fig. 4, on imaginerait chaque ordonnée telle que op prolongée d'une quantité égale à elle-même ; ce qui tracerait une courbe $p's$; puis on subdiviserait ces prolongemens en deux, puis encore en deux jusqu'à ce qu'on arrivât à deux courbes très voisines entre elles, et dont l'une fût légèrement convexe, et l'autre légèrement concave vers l'horizontale. Entre ces deux-là, et dans une étendue qui ne doit pas excéder l'étendue probable du voussoir de rupture, on tracerait une ligne droite, laquelle se trouverait diviser tous les prolongemens des ordonnées dans un rapport à très peu près constant. Par ce moyen, la masse qui recouvre le bandeau et qui est limitée à AX, se trouverait remplacée par une autre d'une densité différente, mais connue et limitée à une ligne droite. Comme, d'ailleurs, l'intrados peut être circulaire, elliptique ou en anse de panier, on voit comment tous les cas que la pratique peut offrir rentrent dans les formules connues et données dans le mémoire cité.

$$z + \varphi = 1 + \frac{\pi}{180} \frac{x^\circ}{2},$$

x° est un nombre de degrés assez petit, et $\frac{\pi}{180}$ la longueur de 1°, l'équation de condition devient

$$\frac{\pi}{180} x^\circ - \sin\left(2 + \frac{\pi}{180} x^\circ\right) = \frac{2\varphi\pi}{180} - 2,$$

en représentant

$$\frac{\pi}{180} x^\circ \text{ par } x;$$

$$x - \sin(2 + x) = \frac{2\varphi\pi}{180} - 2.$$

Contrairement à la notation habituelle $\sin(2+x)$ signifie le sinus de l'arc dont la longueur est $2+x$. Cet arc a pour valeur en degrés $x^\circ + 114^\circ,58$.

On peut développer le premier membre de cette équation par la série de Maclaurin : on trouvera en le désignant par $F(x)$

$$\begin{aligned}
F(0) &= -\sin 2, \\
F'(0) &= 1 - \cos 2, \\
F''(0) &= \sin 2, \\
F'''(0) &= \cos 2, \\
F^{IV}(0) &= -\sin 2, \\
F^{V}(0) &= -\cos 2, \\
F^{VI}(0) &= \sin 2, \\
\text{etc.,} & \quad \text{etc.;}
\end{aligned}$$

d'où l'on conclut

$$F(x) = \frac{\pi}{90}\varphi - 2 = -\sin 2 + (1 - \cos 2)x + \frac{\sin 2}{2}x^2$$
$$+ \frac{\cos 2}{1.2.3}x^3 - \frac{\sin 2}{1.2.3.4}x^4 - \frac{\cos 2}{1.2.3.4.5}x^5 + \text{etc.}$$

$\sin 2$ et $\cos 2$ sont ici les sinus et cosinus de l'arc dont la longueur est 2, voici leurs valeurs :

$$\begin{aligned}
\sin 2 &= 0,90930, \\
\cos 2 &= -0,41615;
\end{aligned}$$

la série peut se mettre sous la forme

$$0 = \frac{2-\sin 2 \frac{\pi \varphi}{90}}{1-\cos 2} + x + \cot 1 \frac{x^2}{2} + \frac{\cot 1 \cot 2}{1.2.3} x^3 - \frac{\cot 1}{1.2.3.4} x^4 - \frac{\cot 1 \cot 2}{1.2.3.4.5} x^5 + \text{etc.};$$

φ exprime ici, non pas une longueur mais un nombre de degrés. Cette série équivaut à celle-ci :

$$0 = 0,02465\,(31,243-\varphi) + x + \frac{0,64209}{1.2} x^2$$
$$-\frac{0,29385}{1.2.3} x^3 - \frac{0,64209}{1.2.3.4} x^4 + \frac{0,29385}{1.2.3.4.5} x^5 + \text{etc.},$$

qu'on continuera aussi loin qu'on voudra, les coefficients se reproduisant les mêmes de deux en deux, au dénominateur près.

Par la méthode inverse du retour des suites on déduit

$$\theta = 31°,243,$$
$$Z = 26°,050 - 2,9385\frac{\varphi-\theta}{10} - 0,5588\left(\frac{\varphi-\theta}{10}\right)^2$$
$$+ 0,1094\left(\frac{\varphi-\theta}{10}\right)^3 - 0,097\left(\frac{\varphi-\theta}{10}\right)^4 + \text{etc.},$$

En se contentant des deux premiers termes de la série, on a une approximation déjà très grande, car soit $\varphi = 37°$, $Z = 24°,4$ à $\frac{1}{5}$ de degré près ; $\varphi = 40°$, $Z = 23°,5$ à moins de $\frac{1°}{2}$ près, $\varphi = 30°$, $Z = 26°,42$ à moins de $\frac{1}{100}$ de degré près. On peut donc poser

$$Z = 35°,231 - 0,29385\varphi.$$

Il est évident qu'on aura une valeur de G infiniment approchée en substituant cette valeur de Z ; d'où suit cette formule où nous faisons reparaître l'épaisseur et le rayon

$$G = 0,25643\,a\,(a+2R)\left(1,1989 - \frac{\varphi}{100}\right)\cot(35°,231 + 0°,70615\varphi);$$

expression facilement calculable par logarithmes, où l'on se rappellera que φ ne représente plus qu'un nombre abstrait ;

Soit $\varphi = 30$,
$$G = 0,15308\,a\,(a+2R).$$

Les valeurs de l'angle φ peuvent être 30°, 33°, 34°, 37°, 39° et même 40°. (Voyez la page 169 des leçons de M. Navier, 2ᵐᵉ édition.)

Parmi elles, on choisit ordinairement 37°. Cependant MM. Petit et Poncelet ont préféré 30°, qui paraît n'être qu'une exception; ils se sont fondés sur ce que cette hypothèse favorise la stabilité. Peut-être que ce motif ne serait pas suffisant s'il n'était corroboré par l'observation suivante: Coulomb, et depuis lui M. le capitaine Morin (*Expériences faites sur le frottement en* 1831, *imprimées chez Bachelier*), ont reconnu que la force nécessaire pour vaincre le frottement est plus grande en partant de l'état de repos que lorsque le corps est en mouvement, surtout si le contact existe depuis quelque temps. Mais M. Morin a remarqué qu'un petit ébranlement suffisait pour rendre au frottement la valeur qu'il a lorsque le corps est en mouvement, valeur qui est indépendante de la vitesse et de l'étendue de la surface frottante. Comme les constructions ne sont pas à l'abri de ces ébranlements, il en résulte qu'il faut dans tous les calculs qui ont pour but leur stabilité, n'employer que le coefficient de frottement qui convient à l'état de mouvement. On ne connaît encore aucune loi qui lie ces deux coefficients entre eux. Nous n'avons d'ailleurs aucune expérience sur le frottement des pierres en mouvement, et dans cette ignorance on ne doit pas hésiter à prendre le plus faible des nombres cités plus haut.

Il est probable que les mêmes considérations introduites dans la poussée des terres en modifieraient sensiblement les formules; mais il faudrait auparavant quelques expériences.

On connaît depuis long-temps la solution par les séries d'une équation de la forme $y = a + x\chi(y)$; on a même le développement d'une fonction quelconque de y, telle que $\psi(y)$, on aurait donc pu appliquer cette méthode au calcul de Z et de G : ce dernier peut même donner lieu à une formule élégante. Mais ces sortes de développements sont plutôt symboliques que propres aux applications; car les différentes opérations qui y sont indiquées sont fort longues quand on descend au calcul arithmétique. Nous préférons beaucoup le développement de Z suivant les puissances de la petite quantité

$$\frac{\varphi - 31,243}{10}.$$

Lagrange a prouvé (*Résolution des équations numériques*) que le développement de y représentait la plus petite des racines de l'équation :

$$y = a + z(y)$$

Comme d'ailleurs la formule d'Euler pour le retour inverse des suites, que nous avons suivie, rentre dans celle de Lagrange, on pourrait conclure que nous avons la plus petite des valeurs de Z; bien plus, je dis qu'il ne peut y avoir qu'une seule racine réelle résolvant l'équation qui donne l'angle de rupture, du moins tant que les données conservent des valeurs possibles. Cette proposition est évidente pour le cas du glissement, car la courbe

$$y = x - \sin x$$

ne peut être rencontrée qu'en un seul point, par une parallèle à l'axe des abscisses dont l'équation serait $y = 2\varphi$; donc ici il n'y a qu'une racine réelle, celle qui est donnée par notre développement.

Mais quand il s'agit de la rotation, la chose n'est plus évidente; soit donc cette équation :

$$y = \cos z + \frac{z}{\sin z} - (1+a)\, z \cot z - (1+a) + \frac{2}{3}\frac{(1+a)^3 - 1}{2+a}$$

je dis qu'elle ne rencontre l'axe des z qu'en un point. En effet, pour qu'elle le coupât en un autre point, comme la fonction y est évidemment continue depuis $z = 0$ jusqu'à $z = 90°$ qui sont les seules limites à considérer, il faudrait qu'elle eût entre ces deux points de section, une tangente horizontale; voyons si cela est possible :

Je différentie, il vient

$$\frac{dy}{dz} = -\sin z + \frac{1}{\sin z} - \frac{z \cos z}{\sin^2 z} - \frac{(1+a)(\cos z \sin z - z)}{\sin^2 z},$$

ou bien

$$\frac{dy}{dz} = \frac{z - \cos z \sin z}{\sin^2 z}(1 + a - \cos z).$$

Il est évident que $\frac{dy}{dz}$ ne peut devenir 0 que par $z = 0$; mais z ne peut jamais être nul qu'autant que $a = 0$ ou $a = \sqrt{3}$, comme on peut le reconnaître sur l'équation même qui donne z. Donc il n'y a jamais qu'une racine réelle, à moins que l'épaisseur de la voûte ne soit au rayon :: $\sqrt{3}$: 1, ou plus grande encore, mais alors la poussée due à la rotation est nulle.

On conçoit l'importance qu'a ce théorème, car s'il y avait plusieurs racines réelles comprises entre 0° et 90°, il y aurait plusieurs maxima entre lesquels on devrait choisir le plus grand. Cela compliquerait infiniment les applications de la théorie de Coulomb.

Détermination de l'angle de rupture dans les voûtes recouvertes d'une chape.

§ IV. Si mj (fig. 5) est un joint de rupture, il règne un grande incertitude sur la direction que prendra ce joint en quittant l'extrados du bandeau : si la chape est très inclinée, le joint en se prolongeant suivant jn sans se briser, conservera à peu près sa direction; mais si la chape est peu inclinée ou horizontale, la direction jn' sera plus courte et par conséquent plus probable. Dans la pratique, la direction de plus facile rupture entre toutes celles qui partent du point j, est souvent donnée par la manière dont la chape est appareillée et réunie au bandeau. Quoi qu'il en soit, on a déjà une approximation en calculant la poussée due à la partie $amjn'c$; dans le cas de la rotation, cette approximation est en plus, et l'erreur est à l'avantage de la solidité. Or, le cas de la rotation est presque le seul qui se produise. Enfin si jn'' est la vraie direction, le triangle $jn''n'$ n'est qu'une petite partie du voussoir; on pourra donc à la poussée donnée par la table, adjoindre celle due à ce petit triangle tracé sur l'épure à la suite du joint de rupture, en prenant pour joint de rupture celui même qui est donné par les tables et qui ne saurait différer beaucoup du véritable.

Cette adjonction se fera avec le signe $+$ pour le glissement, avec le signe $-$ pour la rotation. Elle sera extrêmement courte à faire, puisqu'il ne s'agit que de calculer la surface ou le moment d'un triangle, opération qui ne mérite nullement d'entrer en comparaison avec le calcul de la poussée due à l'autre partie $amjn'c$ du voussoir.

Mais tant d'exactitude n'est généralement pas nécessaire, elle est même illusoire quand on fait usage d'un coefficient de stabilité. On s'en tiendra donc le plus souvent aux valeurs F et G données par les tables, et qui apartiennent à la partie $amjn'c$.

Aux dénominations déjà données page 23 nous joindrons celle de la hauteur oc du faîte de la voûte au-dessus des naissances, elle n'est pas indispensable, mais elle aide à simplifier les formules. M. Audoy l'a désignée par n; nous lui conserverons ce nom.

Nous appellerons λ la hauteur du point d'application de la poussée

(44)

au-dessus de l'intrados; nous avons dit que nous ferions toujours $\lambda = \alpha$, mais il peut être utile de donner les premières formules indépendamment de cette hypothèse.

Z est l'angle du joint de rupture avec la verticale; z celui d'un joint quelconque avec elle.

Ces choses posées, on reconnaît facilement par un calcul de moment que la poussée F est le maximum de la quantité

Angle de rupture dans le cas de rotation.

$$F' = \frac{\frac{1-\cos z}{3} + \frac{z \sin z}{2} + \sin^2 z \left\{ \frac{n(1-\alpha^2)}{2} - \frac{(1+\alpha)^2(1-2\alpha)}{6 \cos i} \cos(z-i) \right\}}{1+\lambda-\cos z},$$

le rayon étant égal à 1.

J'ai différentié cette équation par rapport à z, et j'ai obtenu l'équation de condition qui fixe l'angle de rupture Z :

(1) $\quad 0 = -A + B \cos z - C \cos^2 z + D \cos^3 z + \frac{\sin z}{z} - (1+\lambda) z \cot z$

$\qquad + E \sin z \left(1 - \frac{2}{3} \sin^2 z\right) - H \sin z \cos z,$

où les coefficients ont les valeurs suivantes :

$A = \frac{2}{3} + n(1-\alpha^2) + \alpha^2 \left(1 + \frac{2}{3}\alpha\right)(1+\lambda),$
$B = 1 + 2n(1+\lambda)(1-\alpha^2),$
$C = (1+\alpha)\{n(1-\alpha) + (1+\alpha)(1-2\alpha)(1+\lambda)\},$
$D = \frac{2}{3}(1+\alpha)^2(1-2\alpha),$
$F = (1+\alpha)^2(1-2\alpha)\tang i,$
$H = (1+\alpha)^2(1-2\alpha)(1+\lambda)\tang i.$

Il est facile de reconnaître que le second membre de l'équation (1) est divisible par $(1-\cos z)$ quand $\lambda = 0$ et rien que dans ce cas; elle devient alors :

(2) $\quad 0 = -\left[\frac{2}{3} + n(1-\alpha^2) + \alpha^2\left(1+\frac{2}{3}\alpha\right)\right]$

$\qquad + \left[\frac{1}{3} + n(1-\alpha^2) - \alpha^2\left(1+\frac{2}{3}\alpha\right)\right]\cos z$

$\qquad + 2\left[\frac{2\alpha^3}{3} + \alpha^2 - \frac{1}{3}\right]\cos^2 z + \frac{z}{\sin z} + (1+\alpha)^2(1-2\alpha)\tang i \sin z \left(\frac{1}{3} - \frac{2}{3}\cos z\right),$

quand on fait $i = 0$, $n = 1 + \alpha$ et successivement $\lambda = \alpha$, $\lambda = 0$, ces deux équations (1) et (2) deviennent identiques avec celles que M. Persy a données dans son cours (d'après MM. Lamé et Clapeyron). Mais, comme on le voit, l'équation (1) est bien plus générale, car par cela seul que λ est variable, elle s'applique aux anses de panier, en y ajoutant un ou plusieurs termes. On sait en effet (voyez le *Mémorial* n° 12, mémoire de l'auteur) que la poussée d'une semblable voûte est la même que la poussée d'une voûte en plein cintre chargée d'un poids et supposée maintenue en équilibre par une force appliquée non au sommet du bandeau, mais en un certain point sur l'axe de cette voûte. Ainsi λ n'est plus égal à α mais à un nombre que l'on calcule, ainsi que le poids qui est censé presser cette voûte en plein cintre fictive.

Comment ce poids ou tout autre, par exemple, celui qui représente le choc d'une bombe, modifiera-t-il l'équation (1)? Il suffira pour le savoir de se rappeler que la différentielle de F' avant d'être égalée à o a été multipliée par $\frac{2(1+\lambda-\cos z)}{\sin z}$. Donc tout terme fonction de z qui sera adjoint à la valeur de F' devra être différentié, puis multiplié par ce facteur avant d'être ajouté au second membre de l'équation (1).

Si l'on veut savoir ce que devient l'équation (2), c'est par $\frac{2(1-\cos z)}{\sin z}$ qu'il faudra multiplier la différentielle du terme ajouté à F', et le produit sera ajouté au 2me membre de cette équation (2). Au reste, nous ne traiterons pas cette dernière équation.

L'équation (1) est donc celle qu'il faut résoudre par voie d'approximation, et pour cela, on peut d'abord fixer les limites de la valeur de z de la manière suivante.

Les limites de grandeur des données α et i peuvent être évaluées pour z aux deux fractions $\frac{1}{2}$ et $\frac{1}{12}$, (2) pour i à o° et 45°. {Limites des racines.}

---

(1) C'est une question de savoir si pour tenir compte de l'instantanéité du choc, il ne conviendrait pas de considérer le joint de plus facile rupture, comme restant le même après et avant le choc. Cette supposition qui nous paraît préférable, simplifierait beaucoup le calcul.

(2) Cette limite $\frac{1}{12}$ n'est pas celle des tables qui sont à la fin de ce mémoire, elle y est remplacée par $i = 0,05$, mais c'est uniquement à cause de l'équidistance, car

La quantité n est égale à $\frac{1+\alpha}{\cos i}+c$, c désignant la charge; d'où l'on déduit que la valeur générale de F' est égale à la valeur de F' calculée dans l'hypothèse d'une charge nulle, augmentée de la quantité $\frac{c(1-\alpha^2)}{2}\frac{\sin^2 z}{1+\lambda-\cos z}$, laquelle est essentiellement positive.

On admettra comme évident que le maximum d'une fonction composée de deux autres essentiellement positives, a lieu par une valeur de la variable indépendante, comprise entre les deux valeurs de cette variable qui rendent séparément chacune des deux fonctions partielles un maximum.

Le maximum du terme dû à la charge dont on vient de donner l'expression, a lieu par le maximum de $\frac{\sin^2 z}{1+\lambda-\cos z}$, lequel a lieu par

$$\cos z = 1+\lambda-\sqrt{\lambda(\lambda+2)},$$

et si $\lambda = \alpha$, comme nous le supposons,

$$\cos z = 1+\alpha-\sqrt{\alpha(\alpha+2)};$$

soit $\alpha = \frac{1}{2}\ldots z = 67°$,

$\alpha = \frac{1}{3}\ldots z = 62°$,

$\alpha = \frac{1}{4}\ldots z = 60°$,

$\alpha = \frac{1}{10}\ldots z = 50°$,

$\alpha = \frac{1}{12}\ldots z = 48°$.

On voit par le premier et le dernier des angles inscrits dans ce tableau, que pour ce qui est du terme dû à la charge, l'angle de rupture est compris entre 67° et 48°.

Supposons maintenant $i = 45°$, M. Petit a calculé une table des valeurs de l'angle de rupture et de la poussée dans cette hypothèse, jointe

---

une aussi faible épaisseur ne peut être supposée tant que la cohésion n'entre pas en compte.

(47)

à celle de $c = 0$. Cette table indique que entre $a = \frac{1}{2}$ et $a = \frac{1}{12}$, l'angle de rupture est compris entre 61° et 39° environ. Donc quand $a = 45°$ et que la charge c n'est plus nulle, l'angle de rupture est compris entre 39° et 67°.

Mais la valeur de F' peut être facilement décomposée en deux termes, l'un égal à la valeur de F' particulière au cas où $i = 45°$; l'autre égal à $\frac{(1+a)^2 (1-2a)}{6} (1 - \tan i) \frac{\sin^3 z}{1+a-\cos z}$ et essentiellement positif. Or le maximum de ce dernier terme a lieu par le maximum de $\frac{\sin^3 z}{1+a-\cos z}$, lequel a lieu par $\cos z = \frac{3(1+a)}{2} - \sqrt{\frac{9(1+a)^2}{4} - \frac{1}{2}};$

soit $a = 0,5, \ldots z = 83°,$
$a = 0,1, \ldots z = 80°,$
$a = 0,05, \ldots z = 71°.$

Tous ces nombres étant plus grands que 67°, on peut dire que l'effet de l'aplatissement de la chape est de rapprocher, toutes autres circonstances étant les mêmes, le joint de rupture des naissances, et cela d'autant plus que le terme qui renferme $(1 - \tan i)$ sera plus grand et exercera ainsi plus d'influence sur le maximum de F'. Donc c'est lorsque $i = 0$ que les joints de rupture seront plus près des naissances. Or, dans ce cas, la table de M. Petit, calculée encore dans l'hypothèse d'une charge nulle, donne pour limite supérieure $z = 67°$, et limite inférieure $z = 56°$. Ce qui, rapproché du petit tableau des valeurs de z qui rendent un maximum le terme dû à la charge, prouve que quand $i = 0$ et que la charge est quelconque, l'angle de rupture est compris entre 48° et 67°. Donc finalement, quelle que soit la charge, quel que soit l'angle i, pourvu qu'il ne dépasse pas 45°, et que a soit compris entre $\frac{1}{2}$ et $\frac{1}{12}$, l'angle de rupture est compris entre 67° et 39°, dont la moyenne est 53°.

On est donc conduit à substituer $z = 53° + x°$ dans l'équation (1), le nombre x ne sera jamais plus grand que 14°, et comme l'unité représente l'arc de 57°,293, on voit que 14° ont à peu près pour longueur $\frac{1}{4}$. Donc si l'on forme le développement de l'équation (1), suivant les puissances de x, x représentant la longueur de l'arc $x°$; quand on négligera

(48)

le quarré de x on négligera la fraction $\frac{1}{16}$ qui représente près de 4°; si l'on néglige le cube de x, ce sera la fraction $\frac{1}{64}$ qui représente près de 1°; si c'est la 4me puissance on négligera $\frac{1}{256}$ ou environ $\frac{1}{4}$ de degré.

Donc pour avoir à peu près l'approximation de 1°, on est conduit à conserver le quarré de x et à résoudre une équation du second degré.

Désignons par $f(z)$ le 2me membre de l'équation (1) par θ la valeur approchée de z qui est ici 53°.

Le développement fourni par la substitution de $\theta + x$ à la place de z sera

$$0 = f(\theta) + f'(\theta) x + \frac{f''(\theta)}{1.2} x^2 + \frac{f'''(\theta)}{1.2.3} x^3 + \text{etc.}$$

On sait que la méthode de Newton consiste à négliger toutes les puissances de x supérieures à la première et à réduire cette équation à

$$f(\theta) + x f'(\theta) = 0,$$

d'où $\quad x = -\dfrac{f(\theta)}{f'(\theta)}.$

Mais on vient de voir que l'on ne pouvait pas généralement négliger le quarré de x. Il est donc nécessaire d'embrasser un plus grand nombre de termes de la série; supposons donc calculé le coefficient $\dfrac{f''(\theta)}{1.2}$; on aura à résoudre l'équation du 2me degré

$$0 = f(\theta) + f'(\theta) x + \frac{f''(\theta)}{1.2} x^2.$$

Le 2me membre de cette équation représente une parabole osculatrice à la courbe dont la fonction $f(z)$ représente le cours. Son intersection avec l'axe des abcisses, donnera une valeur de l'inconnue moins erronée que ne l'a fait la tangente dans la méthode de Newton.

On aura une valeur moins inexacte encore, si à la parabole on substitue la courbe du 3me degré représentée par le second membre de l'équation suivante

$$0 = f(\theta) + f'(\theta) x + \frac{f''(\theta)}{1.2} x^2 + \frac{f'''(\theta)}{1.2.3} x^3,$$

et pour résoudre cette équation, comme par l'opération précédente, on aura déjà une valeur de x très approchée, il suffira de lui appliquer à elle-même la méthode de Newton. Pour cela, on substituera la valeur de x tirée du contact parabolique, d'abord dans le 1er membre de l'équation, puis dans sa dérivée, le quotient des deux résultats pris en signe contraire, sera la correction à faire subir à x.

Ce sera par conséquent :
$$\frac{-\frac{f'''(\theta)}{6}x^3}{f'(\theta)+f''(\theta)x+\frac{1}{2}f'''(\alpha)x^2}.$$

Connaissant cette nouvelle valeur de x, si l'on veut tenir compte d'un terme de plus, il faut la substituer dans l'expression
$$\frac{-\frac{1}{1.2.3.4}f^{IV}(\theta)}{f'(\theta)+f''(\theta)x+\frac{f'''(\theta)}{1.2}x^2+\frac{1}{1.2.3}f^{IV}(\theta)x^3}.$$

Quand on suppose x assez petit pour être négligeable devant l'unité, son carré devant sa 1re puissance et ainsi de suite, ces deux dernières expressions se réduisent à
$$-\frac{1}{1.2.3}\frac{f'''(\theta)}{f'(\theta)}x^3 \text{ et } -\frac{1}{1.2.3.4}\frac{f^{IV}(\theta)}{f'(\theta)}x^4.$$
et en général à
$$\frac{1}{1.2.3\ldots i}\frac{f^i(\theta)}{f'(\theta)}x^i.$$

Ces dernières valeurs sont celles qui ont été données par *Fourier* dans son ouvrage sur la théorie des équations. Mais quand x n'est pas très petit, elles cessent d'êtres exactes, et il faut conserver les premières dans tous leurs termes : chacune d'elles mesure à peu près l'erreur commise dans l'opération précédente.

La méthode que nous indiquons est préférable ici à l'emploi de la série qu'on doit à Euler pour le retour des suites, puisque les termes de cette série sont ordonnés par rapport aux puissances de $\frac{1}{f'(\theta)}$, ce qui appliqué au cas de $f'(\theta)=0$ ferait croire qu'aucune approximation n'est possible. On en peut dire autant des expressions rapportées plus haut comme appartenant à Fourier. Plus la valeur de x est grande, moins ces méthodes conviennent, et le problème des voûtes est dans ce cas. Nos formules elles-mêmes ne sont applicables qu'à partir du terme de la série dont le coefficient différentiel cesse d'être nul; par exemple, à partir du terme en x^4 si les coefficients $f'(\theta)$, $f''(\theta)$, $f'''(\theta)$ étaient nuls à la fois, ce qui n'est aucunement probable.

La question, comme la plupart des problèmes d'approximation, se réduit donc à trouver les valeurs particulières des coefficients différentiels

$$f(\theta), \ f'(\theta), \ \tfrac{1}{2} f''(\theta), \ \tfrac{1}{6} f'''(\theta);$$

pour y parvenir, je mets l'équation (1) sous la forme

$$f(z) = -\left(A + \frac{C}{2}\right) + \left(B + \frac{3D}{4}\right)\cos z - \frac{C}{2}\cos 2z + \frac{D}{4}\cos 3z$$
$$+ \frac{E}{2}\left(\sin z + \frac{\sin 3z}{3}\right) - \frac{H}{2}\sin 2z + \frac{z}{\sin z} - (1+a)\, z \cot z.$$

soit fait pour un moment la fonction $\frac{z}{\sin z} = V$ et $z \cot z = T$.

En sorte que les dérivées successives de ces fonctions soient V', V'', V''', T', T'', T''', il viendra par la différentiation

$$f'(z) = -\left(B + \frac{3D}{4}\right)\sin z + C \sin 2z - \frac{3D}{4}\sin 3z$$
$$+ \frac{E}{2}(\cos z + \cos 3z) - H \cos 2z + V' - (1+a)T',$$

$$\tfrac{1}{2} f''(z) = -\tfrac{1}{2}\left(B + \frac{3D}{4}\right)\cos z + C \cos 2z - \frac{9}{8}D \cos 3z - \frac{E}{4}(\sin z + 3 \sin 3z)$$
$$+ H \sin 2z + \frac{V''}{2} - \left(\frac{1+a}{2}\right)T'',$$

$$\tfrac{1}{6} f'''(z) = \tfrac{1}{6}\left(B + \frac{3D}{4}\right)\sin z - \frac{2C}{3}\sin 2z + \frac{9}{8}D \sin 3z - \frac{E}{4}\left(\frac{\cos z}{3} + 3 \cos 3z\right)$$
$$+ \frac{2}{3} H \cos 2z + \frac{V'''}{6} - \frac{1+a}{6} T'''.$$

Pour que ces expressions soient complètes, il faut connaître les quantités V', V'', V''', T', T'', T'''; voici comment on les calcule :

D'abord la première différentiation donne :

$$V' = \frac{1 - z \cot z}{\sin z}, \qquad T' = \frac{\frac{z}{\sin z} - \cos z}{\sin z},$$

d'où l'on déduit

$$T = 1 - V' \sin z, \qquad V = \cos z - T' \sin z,$$

et en différentiant

$$T' = -V' \cos z - V'' \sin z, \qquad V' = -\sin z - T' \cos z - T'' \sin z,$$
$$T'' = V' \sin z - 2V'' \cos z - V''' \sin z, \qquad V'' = -\cos z + T' \sin z - 2T'' \cos z - T''' \sin z$$
$$T''' = -V' \cos z + 3V'' \sin z - 3V''' \cos z - V^{IV} \sin z, \qquad V''' = \sin z + T' \cos z + 3T'' \sin z - 3T''' \cos z - T^{IV} \sin z.$$

De ces équations, on déduit par élimination successive

$$V'' = -\frac{T' + V' \cos z}{\sin z},$$

$$T'' = -1 - \frac{V' + T' \cos z}{\sin z},$$

$$V''' = V' - \frac{T'' + 2V'' \cos z}{\sin z},$$

$$T''' = T' - \frac{V'' + (1 + 2T'') \cos z}{\sin z},$$

$$V^{IV} = 3V'' - \frac{T''' + (V' + 3V''') \cos z}{\sin z},$$

$$T^{IV} = 1 + 3T'' + \frac{(T' - 3T''') \cos z - V''}{\sin z}.$$

Ainsi les dérivées successives des fonctions $\frac{z}{\sin z}$ et $z \cot z$ se déduisent facilement les unes des autres.

Donnons à z la valeur particulière $\theta = 53°$, nous trouverons

$$V = 1,15826, \quad V' = 0,37933, \quad \tfrac{1}{2}V'' = 0,29331, \quad \tfrac{V'''}{6} = 0,11413,$$

$$T = 0,69705, \quad T' = 0,69675, \quad \tfrac{1}{2}T'' = -0,47496, \quad \tfrac{T'''}{6} = -0,12551.$$

Cette méthode est bien préférable, dans le cas présent, à des substitutions équidistantes dont on déduirait les dérivées par les formules connues, qui lient les différentielles et les différences. Cependant, si l'on avait de nouvelles fonctions à ajouter à l'expression de F', on pourrait être obligé d'y avoir recours.

Comme nous ne donnons pas le terme général des développements $\frac{z}{\sin z}$ et $z \cot z$, quand on y a fait $z = \theta + x°$ (et il ne serait pour nous d'aucune utilité pratique), on peut craindre que ces développements ne soient pas suffisamment exacts, voici leurs valeurs :

$$\frac{z}{\sin z} = 1,15826 + 0,37933 x + 0,29331 x^2 + 0,11413 x^3,$$

$$z \cot z = 0,69705 - 0,69675 x - 0,47496 x^2 - 0,12551 x^3.$$

Or, en substituant $x = \pm \frac{1}{4}$, on verra que chacune des deux équations est vérifiée dans les quatre premières décimales, approximation de beaucoup supérieure à ce qui est nécessaire, ce qui prouve que ces développements peuvent fournir des limites plus reculées que $x = \pm \frac{1}{4}$ qui correspondent à $x° = \pm 14°$.

Au reste, on peut former les coefficients différentiels successifs par la différentiation des séries qui représentent $\frac{z}{\sin z}$ et $z \cot z$; c'est même le moyen employé au paragraphe IV. On reconnaît alors par la loi de formation arithmétique de ces coefficients qu'ils vont en diminuant; mais la méthode qu'on vient de donner est beaucoup plus courte quand la longueur de l'arc θ n'est pas l'unité.

Je n'applique point les mêmes observations aux développements de $\cos z$, $\cos 2z$, $\cos 3z$, etc., parce qu'on connaît leur terme général qui est décroissant, et cela suffit pour la méthode, bien que nous ne voulions pas dire qu'ils donnent à nombre égal de termes la même approximation que les développements de $\frac{1}{\sin z}$ et $z \cot z$; au contraire, cela n'a pas lieu. Mais il n'en faut rien conclure, car, ainsi qu'on l'a fait voir, l'approximation se mesure sur le développement définitif de $f(z)$.

On a encore
$$\cos \theta = 0,60181,$$
$$\sin \theta = 0,79863,$$
$$\cos 2\theta = -0,27564,$$

$$\sin 2\theta = 0,96126,$$
$$\cos 3\theta = -0,93358,$$
$$\sin 3\theta = 0,35837,$$
$$\sin\theta + \frac{\sin 3\theta}{3} = 0,91809,$$
$$\sin\theta + 3\sin 3\theta = 1,87374,$$
$$\cos\theta + \cos 3\theta = -0,33177,$$
$$\frac{\cos\theta}{3} + 3\cos 3\theta = 2,60014.$$

Les quantités numériques de l'équation étant connues, je passe aux quantités littérales, et d'abord je remplace n en fonction de c',

$$n = c' + 1 + \alpha,$$

et quant à c', il se déduira toujours facilement de c au moyen de la relation facile à légitimer $c' = c + (1+\alpha)\tang i \tang \frac{i}{2}$. Nous conserverons donc dans les équations la quantité c'.

On trouvera en se reportant aux coefficients de l'équation (**1**)

$$A + \frac{C}{2} = 2 + \frac{2}{3} + 2\alpha - 2\alpha^2 - \left(2 + \frac{1}{3}\right)\alpha^3 - \frac{\alpha^4}{3} + \frac{3}{2}c'(1-\alpha^2),$$

$$B + \frac{3D}{4} = 3 + \frac{1}{2} + 4\alpha - \frac{3\alpha^2}{2} - 5\alpha^3 - 2\alpha^4 + 2c'(1-\alpha^2)(1+\alpha),$$

$$C = 2 + 2\alpha - 4\alpha^2 - 6\alpha^3 - 2\alpha^4 + c'(1-\alpha^2),$$

$$D = \frac{2}{3} - 2\alpha^2 - \frac{4\alpha^3}{3},$$

$$E = (1+\alpha)^2(1-2\alpha)\tang i,$$

$$H = (1+\alpha)^3(1-2\alpha)\tang i.$$

Combinant tous ces polynomes en α et c' avec les valeurs numériques des fonctions de θ qui les multiplient, on déduit le système suivant qui est définitif :

(3) $0 = P - Qx + Rx^2 + Sx^3,$

(4) $P = A - B\tang i + Dc',$

(5) $Q = A' - B'\tang i + D'c',$

(6) $R = -A' + B''\tang i - D''c',$

(7) $S = -A'' + B''\tang i - D''c';$

$A = 0,02093 - 0,01417a + 1,01280a^2 - 1,19145a^3 - 1,14593a^4,$
$B = 0,48063(1+a)^2(1-2a)(a+0,04492),$
$D = 1,20362(1+a)(1-a)(a-0,13173);$

$A' = -0,02421 + 0,57525a + 2,10954a^2 + 1,41604a^3 + 0,32926a^4,$
$B' = 0,27564(1+a)^2(1-2a)(a+0,39820),$
$D' = 1,59726(1+a)(1-a)(a+0,39820),$

$A'' = 0,13600 + 1,27993a + 0,54662a^2 - 1,75800a^3 - 1,15309a^4,$
$B'' = 0,96126(1+a)^2(1-2a)(a+0,51268),$
$D'' = 0,60181(1+a)(1-a)(a+1,45802);$

$A''' = 0,30740 + 0,62375a - 1,55738a^2 - 2,64197a^3 - 1,01547a^4,$
$B''' = 0,18376(1+a)^2(1-2a)(2,53744-a),$
$D''' = 0,26621(1+a)(1-a)(1,40727-a).$

Il est inutile de faire remarquer que les nouveaux coefficients A, B, D ne sont pas les mêmes que ceux de l'équation (**1**), et que la lettre R n'est point à confondre avec le rayon de la voûte, lorsqu'il cesse d'être égal à l'unité.

La plupart de ces coefficients sont facilement calculables par logarithmes, mais il est plus simple de se servir des tableaux ci-joints, où sont inscrits les différences successives qui ont servi elles-mêmes à leur formation. Je sais que, puisque nous publions une table des angles de rupture, ces tableaux et même ces formules deviennent inutiles; cependant, si le lecteur veut faire le calcul pour une valeur de α, non comprise dans les tables, il le pourra facilement, avec toute l'exactitude que comporte la méthode, en faisant usage de ces tableaux et de la formule connue :

$$A_y = A + y\delta A + \frac{y(y-1)}{1.2}\delta^2 A + \frac{y(y-1)(y-2)}{1.2.3}\delta^3 A + \frac{y(y-1)(y-2)(y-3)}{1.2.3.4}\delta^4 A + \text{etc.},$$

y étant le rapport de l'accroissement de α à celui des tables, A_y étant une manière d'indiquer la valeur de la fonction qui correspond à cet accroissement.

Il est clair que la lettre A représente ici une fonction quelconque, qu'ainsi cette formule s'applique au calcul de B_y, D_y, etc., les coefficients y, $\frac{y \cdot y - 1}{1 \cdot 2}$ etc., restant les mêmes, ce qui rend fort courtes ces opérations, surtout si l'on fait usage de la méthode abrégée de multiplication, qu'on trouve dans l'*Arithmétique* de Bezout. Je n'ai pas tenu compte des quatrièmes différences, parce qu'elles sont ou nulles ou sans influence sur les cinq premières décimales, et l'on ne doit pas chercher à s'en procurer un plus grand nombre; la cinquième décimale elle-même étant à négliger dans les valeurs finales des coefficients A, B, C.

(56)

α	A	δA	δ²A	δ³A
0,05	0,02260	0,00574	0,00292	—0,00132
0,10	0,02834	0,00866	0,00160	—0,00150
0,15	0,03699	0,01025	0,00010	—0,00167
0,20	0,04724	0,01035	—0,00157	—0,00184
0,25	0,05760	0,00878	—0,00341	—0,00201
0,30	0,06638	0,00538	—0,00542	—0,00218
0,35	0,07176	—0,00004	—0,00760	—0,00236
0,40	0,07172	—0,00764	—0,00996	—0,00253
0,45	0,06408	—0,01759	—0,01249	—0,00270
0,50	0,04649	—0,02008	—0,01519	—0,00287

	B	δB	δ²B	δ³B
	0,04527	0,02216	—0,00285	—0,00147
	0,06742	0,01930	—0,00433	—0,00162
	0,08673	0,01498	—0,00594	—0,00176
	0,10171	0,00903	—0,00771	—0,00191
	0,11074	0,00133	—0,00961	—0,00205
	0,11207	—0,00829	—0,01167	—0,00219
	0,10378	—0,01995	—0,01386	—0,00234
	0,08383	—0,03381	—0,01620	—0,00248
	0,05001	—0,05001	—0,01868	—0,00263
	0,00000	—0,07132	—0,02131	—0,00277

α	D	δD	δ²D	δ³D
0,05	—0,09813	0,06032	—0,00101	—0,00090
0,10	—0,03781	0,05930	—0,00192	—0,00090
0,15	0,02149	0,05739	—0,00282	—0,00090
0,20	0,07888	0,05457	—0,00372	—0,00090
0,25	0,13345	0,05085	—0,00462	—0,00090
0,30	0,18430	0,04623	—0,00553	—0,00090
0,35	0,23053	0,04070	—0,00643	—0,00090
0,40	0,27123	0,03427	—0,00733	—0,00090
0,45	0,30550	0,02694	—0,00823	—0,00090
0,50	0,33244	0,01871	—0,00913	—0,00090

A'	δA'	δ²A'	δ³A'
0,01012	0,04585	0,01278	0,00118
0,05597	0,05863	0,01396	0,00123
0,11460	0,07259	0,01519	0,00129
0,18719	0,08778	0,01648	0,00133
0,27497	0,10426	0,01781	0,00138
0,37923	0,12208	0,01920	0,00143
0,50131	0,14127	0,02063	0,00148
0,64258	0,16190	0,02211	0,00153
0,80448	0,18401	0,02364	0,00158
0,98849	0,20765	0,02522	0,00163

α	B'	δB'	δ²B'	δ³B'
0,05	0,12258	0,01034	—0,00339	—0,00099
0,10	0,13293	0,00696	—0,00438	—0,00107
0,15	0,13989	0,00258	—0,00545	—0,00116
0,20	0,14246	—0,00288	—0,00661	—0,00124
0,25	0,13959	—0,00950	—0,00785	—0,00132
0,30	0,13010	—0,01734	—0,00917	—0,00141
0,35	0,11276	—0,02651	—0,01058	—0,00149
0,40	0,08625	—0,03709	—0,01207	—0,00157
0,45	0,04916	—0,04916	—0,01364	—0,00165
0,50	0,00000	—0,06279	—0,01529	—0,00174

D'	δD'	δ²D'	δ³D'
0,71410	0,07369	—0,00558	—0,00120
0,78780	0,06812	—0,00677	—0,00120
0,85592	0,06135	—0,00797	—0,00120
0,91726	0,05337	—0,00917	—0,00120
0,97064	0,04420	—0,01037	—0,00120
1,01484	0,03384	—0,01157	—0,00120
1,04867	0,02227	—0,01276	—0,00120
1,07094	0,00951	—0,01396	—0,00120
1,08045	—0,00446	—0,01516	—0,00120
1,07599	—0,01961	—0,01635	—0,00120

(57)

α	A''	δA''	δ^2A''	δ^3A''
0,05	0,20114	0,06645	—0,00026	—0,00175
0,10	0,26759	0,06619	—0,00202	—0,00192
0,15	0,33377	0,06417	—0,00394	—0,00210
0,20	0,39794	0,06023	—0,00604	—0,00227
0,25	0,45817	0,05420	—0,00831	—0,00244
0,30	0,51237	0,04589	—0,01075	—0,00261
0,35	0,55826	0,03514	—0,01336	—0,00279
0,40	0,59340	0,02178	—0,01615	—0,00297
0,45	0,61518	0,00562	—0,01912	—0,00314
0,50	0,62080	—0,01350	—0,02226	—0,00331

α	B''	δB''	δ^2B''	δ^3B''
0,05	0,53669	0,03341	—0,01380	—0,00363
0,10	0,57010	0,01961	—0,01742	—0,00391
0,15	0,58971	0,00219	—0,02133	—0,00420
0,20	0,59190	—0,01914	—0,02553	—0,00449
0,25	0,57276	—0,04467	—0,03002	—0,00478
0,30	0,52809	—0,07469	—0,03480	—0,00506
0,35	0,45340	—0,10949	—0,03986	—0,00535
0,40	0,34391	—0,14935	—0,04521	—0,00564
0,45	0,19456	—0,19456	—0,05085	—0,00593
0,50	0,00000	—0,24541	—0,05678	—0,00621

α	D''	δD''	δ^2D''	δ^3D''
0,05	0,90527	0,02298	—0,00529	—0,00045
0,10	0,92826	0,01769	—0,00574	—0,00045
0,15	0,94595	0,01195	—0,00619	—0,00045
0,20	0,95790	0,00576	—0,00664	—0,00045
0,25	0,96366	—0,00089	—0,00709	—0,00045
0,30	0,96277	—0,00798	—0,00755	—0,00045
0,35	0,95479	—0,01553	—0,00800	—0,00045
0,40	0,93927	—0,02353	—0,00845	—0,00045
0,45	0,91574	—0,03196	—0,00890	—0,00045
0,50	0,88377	—0,04088	—0,00935	—0,00045

α	A'''	δA'''	δ^2A'''	δ^3A'''
0,05	0,33436	0,01710	—0,01207	—0,00236
0,10	0,35146	0,00503	—0,01443	—0,00251
0,15	0,35649	—0,00940	—0,01694	—0,00267
0,20	0,34709	—0,02634	—0,01961	—0,00282
0,25	0,32075	—0,04595	—0,02243	—0,00297
0,30	0,27480	—0,06838	—0,02540	—0,00312
0,35	0,20642	—0,09378	—0,02853	—0,00328
0,40	0,11264	—0,12231	—0,03180	—0,00343
0,45	—0,00067	—0,15411	—0,03523	—0,00358
0,50	—0,16378	—0,18934	—0,03881	—0,00373

α	B'''	δB'''	δ^2B'''	δ^3B'''
0,05	0,45355	—0,01998	—0,00745	—0,00015
0,10	0,43357	—0,02743	—0,00760	—0,00009
0,15	0,40614	—0,03503	—0,00769	—0,00004
0,20	0,37111	—0,04272	—0,00773	0,00002
0,25	0,32839	—0,05045	—0,00771	0,00007
0,30	0,27794	—0,05817	—0,00764	0,00013
0,35	0,21977	—0,06581	—0,00751	0,00018
0,40	0,15397	—0,07332	—0,00733	0,00024
0,45	0,08065	—0,08065	—0,00709	0,00029
0,50	0,00000	—0,08774	—0,00680	0,00035

α	D'''	δD'''	δ^2D'''	δ^3D'''
0,05	0,36041	—0,01589	—0,00147	0,00020
0,10	0,34453	—0,01736	—0,00127	0,00020
0,15	0,32717	—0,01863	—0,00107	0,00020
0,20	0,30858	—0,01971	—0,00088	0,00020
0,25	0,28882	—0,02058	—0,00067	0,00020
0,30	0,26824	—0,02126	—0,00048	0,00020
0,35	0,24698	—0,02174	—0,00028	0,00020
0,40	0,22524	—0,02201	—0,00008	0,00020
0,45	0,20323	—0,02209	—0,00012	0,00020
0,50	0,18114	—0,02197	—0,00032	0,00020

Règle pour trouver l'angle de rupture.

La règle à suivre sera donc :

Prendre le rapport a de l'épaisseur au rayon de l'intrados ; de même le rapport c de la charge au rayon ; calculer c' par la formule $c' = c + (1 + a)\, \text{tang}\, i\, \text{tang}\, \frac{i}{2}$, ou bien prendre sur l'épure la hauteur du faîte au-dessus du bandeau, et la diviser par le rayon pour obtenir c'.

Calculer par le moyen des tableaux ci-joints, les valeurs de A, B, D, A', B', D', et les substituer dans les formules (4) (5). Si le rapport $\frac{Q}{P}$ est assez grand numériquement, par exemple égal à 10, vous pourrez vous en tenir là, donner ce rapport pour diviseur à 57,29 et le quotient ajouté avec son signe à 53° vous fera connaître l'angle de rupture à moins de 1° près environ : l'approximation sera d'autant plus grande que $\frac{Q}{P}$ sera plus grand.

Si $\frac{Q}{P}$ est au-dessous de 10, on calculera A'', B'', D'', et par suite R formule (6), et on résoudra l'équation du second degré $P - Qx + Rx^2 = 0$. Pour cela le mieux sera généralement de calculer $\frac{R}{Q}$, de retrancher ce rapport de $\frac{Q}{P}$, et de donner la différence pour diviseur à 57, 29, le quotient ajouté avec son signe à 53° fixera l'angle de rupture.

On conçoit que cette règle pratique puisse se formuler sur un tableau, qui étant ensuite reproduit par la lithographie, prépare tout le travail à un calculateur qui n'a plus besoin que d'en suivre les indications. La seule condition qui reste à remplir, c'est que le calculateur soit assez intelligent pour ne pas commettre d'erreur de signes, ce à quoi il arrive bien vite.

Les coefficients A''', B''', D''' servent à trouver une plus grande approximation quand on la désire. On a donné plus haut la valeur générale de la correction, elle est $\frac{Sx^3}{Q - 2Rx - 3Sx^2} \times 57°,29$, la quantité S étant calculée par la formule (7) ; mais cette expression suppose que x a été tiré par la solution exacte de l'équation du 2me degré.

Il y a quelques cas où il est indispensable de calculer A''', B''', D''' et par suite S, mais ils sont ou en dehors de la pratique ou tout-à-fait à la limite. J'en donnerai des exemples. Soit :

$$i = 0, \quad c = 0, \quad a = 0,1;$$ 1er Exemple.

on trouve
$$P = 0,0283,$$
$$Q = 0,0559,$$
$$R = -0,2676.$$

Ici les valeurs de $\frac{Q}{P}$ et $\frac{Q}{P} - \frac{R}{Q}$ donneraient pour l'angle de rupture 60°; elles peuvent être considérées de suite comme incapables de se prêter à cette manière de résoudre l'équation du second degré, parce que $\frac{Q}{P}$ est un nombre très petit. La solution exacte de l'équation donne les deux racines

$$x = 0,237 \text{ et } x = -0,445;$$

la seconde est évidemment à rejeter, la première donne

$$x° = 13°,58.$$

Pour savoir la correction à faire subir à ce premier résultat, on calcule

$$S = -0,3514;$$

ici la correction est — 1°,1 et l'angle de rupture 65°,5.

Cet exemple fait voir que l'approximation parabolique est encore de 1° environ, pourvu qu'on la calcule exactement elle-même et non par un moyen approché. Mais alors il est tout aussi simple, et par conséquent préférable de calculer S, et de s'attaquer à l'équation du 3me degré, parce que la méthode de Newton s'applique avec une facilité toute particulière à cette équation.

En effet, l'approximation parabolique est insuffisante ou douteuse, alors que x devenant très grand numériquement se rapproche de la limite $\pm \frac{1}{4}$, donc $x = \pm \frac{1}{4}$ est déjà une valeur approchée de la racine de l'équation; donc il n'y a qu'à substituer cette valeur dans le premier membre et sa dérivée, à diviser les deux résultats l'un par l'autre, changer le signe du quotient et l'ajouter à $\pm \frac{1}{4}$ pour avoir la vraie valeur de x.

Or, arithmétiquement, la substitution de $x = \pm \frac{1}{4}$ est fort simple, puisqu'elle se réduit à des divisions successives par 4, et de plus la substitution dans le polynome dérivé, se déduit très vite de celle qu'on a faite dans le premier membre lui-même, sans qu'il faille recommencer ces divisions. Enfin généralement il n'y a pas d'indécision sur le signe de x, et si elle existait, celui de $\frac{Q}{P}$ la détruirait, à moins que l'on ne fût par trop en dehors des cas usuels. Quoi qu'il en soit, la solution même de l'équation fait disparaître cette indécision.

C'est ce que ce même exemple va rendre clair :

Ayant calculé P, Q, R, et reconnaissant que $\frac{Q}{P}$ a une trop faible valeur pour que l'on applique la règle donnée plus haut, on calcule S et l'on pose l'équation à résoudre :

$$0{,}0283 - 0{,}0559 x - 0{,}2676 x^2 - 0{,}3514 x^3 = 0;$$

on fait $x = \pm \frac{1}{4}$ dans le premier membre, on trouve

$$0{,}0283 \mp 0{,}0140 - 0{,}0167 \mp 0{,}0055;$$

ce qui revient à

$$0{,}0116 \mp 0{,}0195.$$

Or, il est clair que le signe $-$ convient ici, par conséquent le signe $+$ convient à x. Le premier membre a donc pour valeur $-0{,}0079$; substituant dans sa dérivée, on trouve $-0{,}2554$, le quotient de ces deux résultats est $0{,}030$, qui changé de signe et ajouté à $\frac{1}{4}$ donne $x = 0{,}220$, ce qui correspond à $12°{,}6$; donc $Z = 65°{,}6$. L'approximation est de l'ordre de la quatrième puissance de x, ce qui correspond à $\frac{1}{10}$ de degré.

2° Exemple. Voici un autre exemple pris tout-à-fait en dehors des limites de la pratique :

$$a = 0{,}01, \; i = 0, \; c = 0$$

on trouve

$$P = 0{,}0209,\ Q = -0{,}0183,\ R = -0{,}1488,$$

On voit que non-seulement le quotient $\frac{Q}{P}$ a une valeur numérique fort petite; mais encore il a un signe différent de celui de x. La méthode de Newton est donc ici inapplicable, ainsi que la solution approchée de l'équation du 2me degré; mais sa solution exacte donne les deux racines $x = -0{,}3183$ et $x = 0{,}4409$; d'où les deux valeurs de Z, $34°{,}8$ et $78°{,}3$.

Ici il y aurait hésitation, mais le terme en x^3 qui est $-0{,}3135x^3$ montre bien que la valeur négative de x ne saurait convenir. Donc l'approximation parabolique donne $Z = 78°{,}3$.

Mais il est plus court et plus exact de résoudre l'équation suivante :

$$0{,}0209 + 0{,}0183x - 0{,}1488x^2 - 0{,}3135x^3 = 0;$$

je fais $x = \pm \frac{1}{4}$, il vient

$$0{,}0209 \pm 0{,}0045 - 0{,}0093 \mp 0{,}0049;$$

ou, ce qui est la même chose,

$$0{,}0116 \mp 0{,}0004.$$

Je fais la même substitution dans la dérivée; il vient

$$0{,}0183 \mp 0{,}0744 - 0{,}0588,$$

ce qui se réduit à

$$\mp 0{,}0744 - 0{,}0405.$$

Il est évident par cette seconde valeur que lorsque le signe — affectera $0{,}0744$, on aura l'approximation la plus grande; donc x a le signe +; donc $x = \frac{1}{4} + \frac{0{,}0112}{0{,}1149} = 0{,}35$, d'où $Z = 73°{,}1$. La vraie valeur est 72.

Je répète que cette opération est plus courte que la solution exacte de l'équation du 2me degré, et donne le même résultat, à fort peu près, que si ayant trouvé les deux racines de cette équation, on substituait celle des deux qu'on juge convenable dans l'équation du 3ᵉ degré, de la même manière que nous venons de substituer $\frac{1}{4}$. C'est ce que l'on peut vérifier sur cet exemple.

Il y a donc des cas où la règle donnée plus haut et que nous disons avoir formulée en tableaux, se modifie. Comme d'ailleurs rien n'indique précisément le point où cette modification est nécessaire, il en résulte une indécision qui nuirait à la méthode, si ces exceptions étaient nombreuses ; mais par expérience nous savons qu'elles ne le sont pas. Ces sortes de cas qui s'annoncent par une faible valeur de $\frac{Q}{P}$, inférieure par exemple, à 4 ou 5, sont particuliers aux limites des tables. Ils prouvent eux-mêmes que le problème de la poussée des voûtes n'est pas de nature à être résolu par la méthode de Newton, à moins que l'on ne consente à en répéter plusieurs fois l'application, ce qui serait tomber dans l'inconvénient des tâtonnements et conduirait à une tout autre marche que celle qu'on a suivie ; mais qu'en se maintenant dans les limites ordinaires de la pratique, l'approximation parabolique, calculée toujours ou presque toujours elle-même d'une manière approchée, est suffisante ; et toute recherche ultérieure n'a plus pour but qu'une exactitude tout-à-fait inutile, même à la construction des tables.

L'angle exact à 1° près donne toujours quatre décimales exactes dans la valeur de la poussée. L'équidistance des valeurs de a nous ayant obligé à sortir, pour nos tables, des limites de la pratique, nous avons traité nous-mêmes les différents cas qui ne se résolvent que par une équation du 3ᵐᵉ degré, et nous pouvons assurer que rien n'est plus facile par le procédé de la substitution $x = \pm \frac{1}{4}$. Il ne nous est pas arrivé une fois d'être indécis sur le signe de x.

Quand il s'agit de cas isolés, la solution directe qui résulte de tout ce qui précède, n'a pas un grand avantage sur la méthode des substitutions, puisqu'il reste encore à calculer la poussée ; mais s'il s'agit de former des tables, l'avantage est considérable, parce que pour toutes les valeurs de a qui seront les mêmes, les coefficients A, B, D, A', B', D', etc., resteront constants, en sorte que les coefficients P, Q, R s'obtiendront très facilement, le calcul des quantités fonctions de a étant une fois fait.

Ainsi, soit $a = 0,1$, $i = 45°$ et c quelconque; vous trouverez d'abord $d' = c + 0,4556$;
puis

$$P = -0,0563 - 0,0378c,$$
$$Q = 0,2818 + 0,7877c,$$
$$R = -0,1205 - 0,9282c,$$
$$S = -0,0750 - 0,3446c.$$

Toutes les voûtes qui ne différeront que par la charge c, se résoudront par le moyen de ces valeurs, la quatrième pouvant être négligée.

On conçoit également combien ces formules rendraient faciles la solution de la question suivante : *Quelle est la charge de terre qui, limitée supérieurement à un plan parallèle à la chape d'une voûte, ne change en rien la stabilité de celle-ci?* Mais les tables mettront à même de résoudre cette question plus facilement encore.

Je n'insiste pas sur la construction des tableaux lithographiés qui ont été remis aux mains du calculateur; ils doivent varier de forme suivant la préférence qu'il peut donner aux opérations ordinaires sur celles par logarithmes. Ces dernières dans le calcul des angles de rupture présentent peu d'avantages.

D'après ce qui vient d'être dit, le travail se compose de la confection de deux tables, une pour les angles de rupture, dans laquelle il n'est pas nécessaire de faire varier c par des accroissements très petits, une autre pour les poussées : les voici toutes deux.

(64)

Table des inclinaisons sur la verticale des joints de rupture des voûtes extradossées en chape, cas de la rotation.

L'inclinaison i de la chape sur l'horizontale étant 0

α	$c=0$	$c=0,1$	$c=0,2$	$c=0,3$	$c=0,4$	$c=0,5$	$c=1,0$
0,05	68°,0	59°,19	54°,64	51°,15	49°,35	48°,20	45°,74
0,10	65,4	60,48	57,70	56,01	54,93	54,17	52,34
0,15	64	61,3	59,7	58,69	58,0	57,49	56,21
0,20	63,1	61,7	60,88	60,36	59,90	59,60	58,80
0,25	62,24	61,76	61,44	61,22	61,05	60,94	60,59
0,30	61,3	61,42	61,54	61,60	61,66	61,67	61,81
0,35	60,17	60,86	61,21	61,54	61,78	61,98	62,56
0,40	58,8	59,8	60,52	61,05	61,48	61,67	62,9
0,45	57,32	58,53	59,45	60,19	60,80	61,28	62,85
0,50	55,63	56,97	58,09	58,98	59,72	60,34	62,40

$i = 7°30'$

	$c=0$	$c=0,1$	$c=0,2$	$c=0,3$	$c=0,4$	$c=0,5$	$c=1,0$
	68°,3	57°,3	51°,69	48°,61	47°,84	46°,11	44°,8
	64,3	58,68	55,95	54,52	53,64	53,03	51,6
	62,43	59,67	58,33	57,55	57,00	56,61	55,6
	61,48	60,42	59,72	59,35	59,07	58,87	58,2
	60,75	60,55	60,44	60,38	60,33	60,21	60,
	60,09	60,49	60,77	60,95	61,08	61,18	61,
	59,27	60,12	60,62	61,02	61,33	61,59	62,
	58,25	59,33	60,11	60,72	61,18	61,57	62,
	57,11	58,35	59,29	60,05	60,67	61,16	62,
	55,82	57,13	58,21	59,08	59,81	60,41	62,

$i = 15°$

α	$c=0$	$c=0,1$	$c=0,2$	$c=0,3$	$c=0,4$	$c=0,5$	$c=1,0$
0,05	64°,8	50°,5	46°,95	45°,69	45°,03	44°,67	43°,9
0,10	59,3	55,07	53,34	52,47	51,99	51,69	50,93
0,15	59,68	57,32	56,65	56,05	55,75	55,55	55,05
0,20	59,96	58,60	58,35	58,20	58,10	58,02	57,84
0,25	59,05	59,28	59,42	59,33	59,60	59,65	59,79
0,30	58,99	59,57	59,98	60,26	60,48	60,66	61,15
0,35	58,53	59,41	60,09	60,57	60,93	61,17	62,0
0,40	57,99	59,08	59,87	60,48	60,95	61,36	62,6
0,45	57,26	58,43	59,34	60,06	60,67	61,15	62,7
0,50	56,38	57,61	58,58	59,36	60,06	60,64	62,5

$i = 22°30'$

	$c=0$	$c=0,1$	$c=0,2$	$c=0,3$	$c=0,4$	$c=0,5$	$c=1,0$
	36°,1	41°,2	42°,0	42°,3	42°,6	42°,7	42°,
	50,5	50,3	50,19	50,17	50,14	50,13	50,
	54,25	54,31	54,35	54,35	54,36	54,36	54,
	56,17	56,60	56,82	56,95	57,04	57,11	57,
	57,27	57,93	58,33	58,61	58,79	58,95	59,
	57,85	58,68	59,23	59,60	59,93	60,16	60,
	58,07	59,01	59,70	60,21	60,61	60,91	61,
	58,02	59,02	59,79	60,38	60,87	61,25	62,
	57,74	58,78	59,60	60,26	60,82	61,27	62,
	57,30	58,31	59,16	59,88	60,47	61,00	62,

(65)

$i = 30°$

	$c=0$	$c=0,1$	$c=0,2$	$c=0,3$	$c=0,4$	$c=0,5$	$c=1,0$
,05	31°,3	36°,2	38°,4	39°,57	40°,28	40°,77	41°,9
,10	43,3	46,06	47,25	47,90	48,30	48,59	49,24
,15	50,07	51,46	52,18	52,63	52,94	53,14	53,68
,20	53,66	54,69	55,27	55,67	55,96	56,16	56,72
,25	55,80	56,72	57,30	57,72	58,01	58,23	58,89
,30	57,13	58,01	58,62	59,06	59,4	59,69	60,48
,35	57,93	58,80	59,43	59,94	60,33	60,66	61,64
,40	58,33	59,20	59,89	60,42	60,87	61,23	62,39
,45	58,47	59,33	60,03	60,61	61,08	61,48	62,87
,50	58,38	59,22	59,93	60,53	61,03	61,47	63,0

$i = 37°30'$

$c=0$	$c=0,1$	$c=0,2$	$c=0,3$	$c=0,4$	$c=0,5$	$c=1$
31°,1	34°,3	36°,28	37°,59	38°,48	39°,16	40°,82
40,98	43,59	45,09	46,01	46,67	47,14	48,35
47,71	49,40	50,43	51,12	51,61	51,96	52,93
52,01	53,23	54,01	54,54	54,94	55,24	56,10
54,87	55,80	56,45	56,94	57,29	57,59	58,41
56,77	57,58	58,16	58,62	58,98	59,26	60,16
58,04	58,78	59,34	59,81	60,17	60,47	61,45
58,89	59,58	60,13	60,60	60,97	61,30	62,4
59,38	60,06	60,62	61,07	61,47	61,83	63,0
56,69	60,29	60,84	61,26	61,72	62,07	63,3

$i = 45°$

	$c=0$	$c=0,1$	$c=0,2$	$c=0,3$	$c=0,4$	$c=0,5$	$c=1,0$
0,05	31°,3	33°,68	35°,46	36°,36	37°,22	38°,0	39°,9
0,10	40,6	42,4	43,7	44,64	45,35	45,92	47,45
0,15	46,77	48,20	49,18	49,93	50,47	50,92	52,15
0,20	51,23	52,27	53,05	53,64	54,07	54,42	55,47
0,25	54,42	55,22	55,84	56,31	56,70	57,01	57,97
0,30	56,72	57,38	57,90	58,30	58,65	58,94	59,85
0,35	58,35	58,94	59,40	59,79	60,11	60,38	61,30
0,40	59,56	60,09	60,52	60,89	61,19	61,46	62,4
0,45	60,40	60,89	61,29	61,67	61,97	62,24	63,2
0,50	60,99	61,43	61,8	62,2	62,5	62,8	63,8

Nota. Les degrés sont sexagésimaux. La seconde décimale est souvent exacte; la première doit l'être toujours. Nous n'attachons certes aucune importance à cette exactitude, mais c'est celle qui est résultée de la vérification dont il sera parlé plus bas, et cette vérification est nécessaire. Du reste, elle n'a pas toujours eu lieu dans les deux décimales, cela ne pouvait pas être; à mesure qu'on s'éloignait de 53°, elle était elle-même plus imparfaite, ce qui a pu obliger quelquefois à recourir au moyen le plus naturel de se vérifier, qui consiste à recommencer une seconde fois le même calcul. Les différences inscrites aux tableaux des valeurs de F fournissent encore des moyens de vérification. Enfin, de l'observation de ces angles, on déduit après coup que 57° est une moyenne beaucoup plus approchée que 53°, et qu'on aurait dû, dans l'équation à résoudre, substituer $z=1+x$, comme on l'avait fait pour les voûtes à extrados parallèle. La limite $a=0,05$ eût été plus difficile à traiter, elle l'eût été seulement par les substitutions.

Il est donc entendu que les angles inscrits ici ont été choisis tantôt parmi ceux donnés par les équations, tantôt parmi ceux donnés par les trois substitutions dont il est question plus loin, suivant qu'ils se rapprochaient plus ou moins de 53°. Une double table de ces angles eût été évidemment une chose inutile. La différence n'ayant jamais porté que sur la partie décimale, elle n'infirme ni la méthode, ni ce qu'on a dit de la priorité d'une des tables sur l'autre.

9

(64)

Table des inclinaisons sur la verticale des joints de rupture des voûtes extradossées en chape, cas de la rotation.

L'inclinaison i de la chape sur l'horizontale étant 0

a	$c=0$	$c=0,1$	$c=0,2$	$c=0,3$	$c=0,4$	$c=0,5$	$c=1,0$
0,05	68°,0	59°,19	54°,04	51°,15	49°,35	48°,20	45°,74
0,10	65,4	60,48	57,70	56,01	54,93	54,17	52,34
0,15	64	61,3	59,7	58,69	58,0	57,49	56,21
0,20	63,1	61,7	60,88	60,30	59,90	59,60	58,80
0,25	62,24	61,76	61,44	61,22	61,05	60,94	60,59
0,30	61,3	61,42	61,54	61,60	61,66	61,67	61,81
0,35	60,17	60,80	61,21	61,54	61,78	61,98	62,56
0,40	58,8	59,8	60,52	61,05	61,48	61,8	62,9
0,45	57,32	58,53	59,45	60,19	60,80	61,28	62,85
0,50	55,63	56,97	58,09	58,98	59,72	60,34	62,40

$i = 7°30'$

$c=0$	$c=0,1$	$c=0,2$	$c=0,3$	$c=0,4$	$c=0,5$	$c=1$
68°,3	57°,3	51°,69	48°,61	47°,84	46°,11	44°,
64,3	58,68	55,95	54,52	53,64	53,03	51,
62,43	59,67	58,33	57,55	57,00	56,61	55,
61,48	60,42	59,72	59,35	59,07	58,87	58,
60,75	60,55	60,44	60,38	60,33	60,21	60,
60,09	60,49	60,77	60,95	61,08	61,18	61,
59,27	60,12	60,62	61,02	61,33	61,59	62,
58,25	59,33	60,11	60,72	61,18	61,57	62,
57,11	58,35	59,29	60,05	60,67	61,16	62,
55,82	57,13	58,21	59,08	59,81	60,41	62,

$i = 15°$

a	$c=0$	$c=0,1$	$c=0,2$	$c=0,3$	$c=0,4$	$c=0,5$	$c=1,0$
0,05	64°,8	50°,5	46°,95	45°,69	45°,03	44°,67	43°,9
0,10	59,3	55,07	53,34	52,47	51,99	51,69	50,93
0,15	59,08	57,32	56,65	56,05	55,75	55,55	55,05
0,20	59,06	58,60	58,35	58,20	58,10	58,02	57,84
0,25	59,05	59,28	59,42	59,53	59,60	59,65	59,79
0,30	58,90	59,57	59,98	60,26	60,48	60,66	61,15
0,35	58,53	59,41	60,09	60,57	60,93	61,17	62,0
0,40	57,99	59,08	59,87	60,48	60,95	61,36	62,6
0,45	57,26	58,43	59,34	60,06	60,67	61,15	62,7
0,50	56,38	57,61	58,58	59,36	60,06	60,64	62,5

$i = 22°30'$

$c=0$	$c=0,1$	$c=0,2$	$c=0,3$	$c=0,4$	$c=0,5$	$c=1$
36°,1	41°,2	42°,0	42°,3	42°,6	42°,7	42°
50,5	50,3	50,19	50,17	50,14	50,13	50,
54,25	54,31	54,35	54,35	54,36	54,36	54,
56,17	56,60	56,82	56,95	57,04	57,11	57,
57,27	57,93	58,33	58,61	58,79	58,95	59,
57,85	58,68	59,23	59,60	59,93	60,16	60,
58,07	59,01	59,70	60,21	60,61	60,91	61,
58,02	59,02	59,79	60,38	60,87	61,25	62,
57,74	58,78	59,60	60,26	60,82	61,27	62,
57,30	58,31	59,16	59,88	60,47	61,00	62,

On voit par la table des angles de rupture que sept angles par valeur de α pour une même inclinaison i, doivent suffire; généralement même ils sont plus que suffisants, et ce serait assez de trois ou quatre, mais en calculer sept ajoute infiniment peu au travail et fournit évidemment des vérifications.

En faisant usage de cette table des angles de rupture, réduite à de simples nombres entiers, et des fonctions qu'on a données dans le *Mémorial* n° 12, fonctions qui ne sont calculées que pour des nombres entiers de degrés (1), on obtient donc par une seule substitution la poussée F, et comme l'erreur est inférieure à 1° et souvent $\frac{1}{2}$, il en résulte qu'on a par ce moyen une valeur déjà très approchée de F. Elle est en effet exacte presque toujours dans les quatre premières décimales; cette approximation est certainement assez grande. Mais nous avons voulu aller plus loin, et surtout avoir des moyens de vérification. Nous avons donc fait trois substitutions pour chaque angle des tableaux, toutes trois distantes entre elles de 1°, et la substitution intermédiaire étant l'angle même du tableau, réduit à n'être qu'un nombre entier. Nous avons ensuite appliqué à ces trois substitutions la méthode exposée au même numéro du *Mémorial*, qui revient à faire passer une parabole par les trois points de la courbe des valeurs de F' qui correspondent aux trois angles substitués, et à chercher le point le plus haut de cette parabole. Il en est résulté un accord remarquable entre les angles de rupture fournis par cette méthode, et ceux calculés directement, surtout quand on ne s'éloignait que de 4 à 5

---

(1) Nous avons même emprunté à M. Petit une des fonctions angulaires qu'il a calculées et dont il s'est servi pour faire ses tables. Cette fonction a pour valeur

$$\frac{\frac{1}{3} - \frac{z}{2\tang\frac{z}{2}}}{1 + \cos z}.$$ Dans le cas particulier des voûtes extradossées en chape, elle convient mieux que celle qui résulte du numérateur de cette fraction algébrique, pris isolément, et elle rend plus facile l'emploi des logarithmes. Nous faisons cette observation, autant pour rendre justice au travail de M. Petit que parce qu'elle est applicable au calcul des voûtes en anse de panier.

degrés de l'angle moyen 53° (1). On conçoit que nous avons déduit de ce double procédé, non-seulement des vérifications, mais des valeurs de F et quelquefois de Z beaucoup plus exactes. Les calculs ont été exécutés avec six décimales, ce qui fait que nous pouvons répondre de cinq. Si quelques erreurs se sont glissées malgré ces précautions, elles ne peuvent porter que sur cette cinquième décimale et aux deux extrémités de chacun des tableaux particuliers, c'est-à-dire vers $a = 0,05$ ou $a = 0,50$; il n'y aurait d'autre moyen de s'en assurer que de faire refaire les mêmes calculs par une autre personne, ce qui ne serait guère qu'un travail de pure curiosité.

L'emploi de la méthode des substitutions n'est point un retour fait sur nous-même, les procédés directs qui ont fait l'objet de ce mémoire, et qui avaient pour but précisément d'éviter les substitutions, n'en conservent pas moins leur supériorité. Ce n'est absolument ici qu'un moyen de vérification, très utile quand on ne fait pas faire deux fois les mêmes calculs par des personnes différentes; quand cette vérification est opérée, on aurait tort de ne pas en tirer parti, pour ajouter encore à l'exactitude du nombre F. On conçoit qu'il y ait lieu à distinguer des substitutions faites en tâtonnant et dont on ne sait jamais bien quel sera le nombre,

---

(1) Cette méthode, dont la démonstration est toute élémentaire, est d'un usage très facile; soit les trois angles et les trois résultats qui suivent :

$$z - p \ldots \ldots F'_{-1},$$
$$z \ldots \ldots F',$$
$$z + p \ldots \ldots F'_{+1}.$$

Ces angles sont équidifférents, et les valeurs de F' sont telles que celle du milieu est la plus grande. Prenez les différences premières, en n'ayant aucun égard au signe; soit Δ et Δ', ces deux différences; prenez de nouveau la différence $\Delta' - \Delta$, cette fois en ayant égard au signe, formez aussi la somme $\Delta' + \Delta$, divisez le premier nombre par le second, le quotient étant multiplié par $\frac{p}{2}$ est la correction de l'angle z; le même quotient multiplié par le $\frac{1}{8}$ du dividende, produit qui est toujours positif, est la correction à faire subir à F' pour avoir F.

Tant que l'angle z est compris entre 45° et 60°, il faut faire $p = 1$, au-delà on le fait égal à 2

et des substitutions faites au nombre limité de trois et dans un voisinage très restreint. Il faut d'ailleurs remarquer que pour un même angle i et une même épaisseur a, les valeurs de F' qui correspondent à un même angle z, et à des valeurs de c différentes, ont entre elles des différences constantes, quand les accroissements de c sont égaux. Cette observation simplifie beaucoup le calcul des valeurs de F'.

Quelque méthode que l'on suive, il faudra toujours qu'on puisse se vérifier; car ces calculs sont longs et prêtent assez à l'erreur. Il y a donc un avantage incontestable à former d'avance, comme on l'a fait, une table d'angles de rupture.

Ces détails ont beaucoup d'importance, car c'est ici que l'on juge l'utilité des méthodes directes. Elle nous paraît telle que nous n'hésiterons pas à les employer encore pour le glissement, et à les conseiller pour les voûtes en anse de panier, en laissant le choix pour moyen de vérification, soit de faire faire deux fois les mêmes calculs, soit de faire des substitutions en nombre triple de celles qui sont absolument nécessaires; et je répète que, si l'on commençait de suite à substituer, non-seulement on pourrait être entraîné fort loin, mais encore on n'aurait pas de vérification comparable à celle de deux angles qui ne diffèrent souvent que de $\frac{1}{10}$ de degré, et même que de 1 ou 2 centièmes (1).

Il conviendrait maintenant d'insérer un terme moyen entre deux valeurs consécutives de F, prises dans la même colonne verticale. Legendre donne, pour faire cette opération, la formule suivante très simple où A_{-1}, A, A_1 sont trois valeurs consécutives :

$$A_{(\frac{1}{2})} = \frac{A + A_1}{2} - \frac{\delta^2 A_{-1} + \delta^2 A}{16}.$$

Il y a à la suite d'autres termes qui seraient ici tout-à-fait inutiles. Le but de cette opération serait de permettre de supprimer dans les tables

---

(1) Un autre moyen de vérification peut être employé quand on a le temps de le pratiquer soi-même. Il consiste à tracer des courbes et à juger de l'exactitude des ordonnées par la continuité de ces courbes. Les occupations du service nous ont interdit ce moyen, qui, du reste, ne peut pas donner la même exactitude que les trois substitutions.

toutes les différences du second ordre, ce qui réduirait l'approximation aux parties proportionnelles dont l'usage est plus facile.

D'autres pourront faire ce travail; pour nous, nous nous contentons de mettre le lecteur à même de calculer une valeur de F quelconque, à l'aide des différences des deux premiers ordres, quand il voudra quelque exactitude; mais dans la plupart des applications tant que α n'est pas inférieur à 0,15 environ, les parties proportionnelles lui suffiront même avec nos tables.

On sait que si l'on a
$$F = \varphi(\alpha, c),$$
que l'on possède dans une table les valeurs de F, qui correspondent à des accroissements égaux de α que j'appelle $\delta\alpha$ et à des accroissements égaux de c que j'appelle δc; si l'on veut savoir ce que devient F pour des accroissements x et y plus petits que $\delta\alpha$ et δc, on a la formule :

$$\varphi(\alpha+x, c+y) = F + \frac{x}{\delta\alpha}\Delta_\alpha F + \frac{x}{\delta\alpha}\left(\frac{x}{\delta\alpha}-1\right)\frac{\Delta^2_\alpha F}{1.2} + \frac{x}{\delta\alpha}\left(\frac{x}{\delta\alpha}-1\right)\left(\frac{x}{\delta\alpha}-2\right)\frac{\Delta^3_\alpha F}{1.2.3}$$
$$+ \frac{y}{\delta c}\Delta_c F + \frac{x}{\delta\alpha}\frac{y}{\delta c}\Delta^2_{c\alpha} F + \frac{y}{\delta c}\frac{x}{\delta\alpha}\left(\frac{x}{\delta\alpha}-1\right)\frac{\Delta^3_{\alpha\alpha c} F}{1.2}$$
$$+ \frac{y}{\delta c}\left(\frac{y}{\delta c}-1\right)\frac{\Delta^2_c F}{1.2} + \frac{x}{\delta\alpha}\frac{y}{\delta c}\left(\frac{y}{\delta c}-1\right)\frac{\Delta^3_{\alpha c c} F}{1.2}$$
$$+ \frac{y}{\delta c}\left(\frac{y}{\delta c}-1\right)\left(\frac{y}{\delta c}-2\right)\frac{\Delta^3_c F}{1.2.3}.$$

Dans cette formule, comme dans les tables, la dénomination Δ_α signifie différence prise par rapport à α, c'est-à-dire dans la colonne verticale; Δ_c signifie différence prise horizontalement en faisant varier c seulement; Δ^2_α a le même sens par rapport à Δ_α et Δ^2_c, le même sens par rapport à Δ_c. Enfin $\Delta^2_{c\alpha}$ représente les différences des Δ_c prises verticalement, ou, ce qui fournit une vérification, les différences des Δ_α prises horizontalement.

Celui qui construit les tableaux a encore pour moyen de vérification
$$\Delta_c(\Delta^2_\alpha) = \Delta_\alpha(\Delta^2_{\alpha c}),$$
$$\Delta_\alpha(\Delta^2_c) = \Delta_c \Delta^2 \alpha c.$$

(70)

Quoi qu'il en soit, faisant abstraction des différences du troisième ordre, que le lecteur pourra calculer, s'il veut une plus parfaite exactitude, et remarquant que $\delta a = 0{,}05 = \frac{1}{20}$ et $\delta c = \frac{1}{10}$;

Nous aurons pour corrections à la valeur de F, donnée par la table même comme la plus approchée, les termes suivants :

<small>Formule pour compléter la valeur de F donnée par les tables.</small>

$$20x\Delta_a + 10y\Delta_c + 10x(20x-1)\Delta^2_a + 20x \cdot 10y\Delta^2_{cx} + 5y(10y-1)\Delta^2_c.$$

Soit, par exemple, $a = 0{,}32$, $c = 0{,}24$, $i = 15°$, la valeur donnée par les tables est $0{,}22361$;
pour la compléter, je remarque que $x = 0{,}02$ $y = 0{,}04$;
donc

$$20x\Delta_a = 0{,}4 \times 137 = 55,$$
$$10y\Delta_c = 0{,}4 \times -266 = -106,$$
$$10x(20x-1)\Delta^2_a = 0{,}2(0{,}4-1) \times -209 = 25,$$
$$20x \cdot 10y\Delta^2_{cx} = 0{,}4 \times 0{,}4 \times -392 = -63,$$
$$5y(10y-1)\Delta^2_c = 0{,}2(0{,}4-1) \times 2 = 0.$$

d'où l'on déduit pour correction -89 c'est-à-dire $-0{,}00089$, donc $F = 0{,}2227$.

Enfin si l'on veut tenir compte des variations de i, on fera deux fois l'opération que nous venons de pratiquer, et puis on prendra une partie proportionnelle entre les deux résultats. Ainsi, pour un angle égal 33°, je calculerai F dans les deux hypothèses de $i = 30°$ et $i = 37°\ 30'$, et je multiplierai la différence par le rapport de l'accroissement 3 degrés à l'intervalle entier 7°30′, le résultat sera la correction. Mais si l'on veut encore plus d'exactitude, on fera une troisième hypothèse sur l'angle i, on aura alors trois valeurs de F qui donneront une différence première que j'appelle Δ_i, et une différence seconde que j'appelle Δ^2_i; si t est l'accroissement dont on veut tenir compte, la correction sera $\frac{t}{7,5}\Delta_i + \frac{t}{7,5}\left(\frac{t}{7,5}-1\right)\Delta^2 i$.

Il est inutile de s'étendre davantage sur ce sujet qui rentre dans l'usage bien connu des tables à deux et à trois entrées.

Quand la valeur de a est comprise entre $0{,}45$ et $0{,}50$, nous ne trouvons plus Δ^2_a dans la table, on peut alors le calculer approximativement par une différence troisième. Il faut remarquer que non-seulement cette épaisseur est rare, mais encore que le glissement doit en ce point l'emporter sur la rotation.

Dans nos tables, les accroissements de α et de i sont égaux il en est de même de ceux de c, mais jusqu'à $c = 0,5$ seulement, pourquoi cela? C'est que : 1° quant à l'angle de rupture, il varie très peu dès que la charge devient forte, et d'ailleurs ce n'est pas pour la table des angles de rupture qu'il convient que les accroissements de c soient égaux, car nous l'avons déjà dit, toute approximation supérieure à 1 ou $\frac{1}{2}$ degré est inutile dans la pratique; 2° quant à la poussée, on remarquera que précisément parce que l'angle de rupture reste presque invariable depuis $c = 0,5$, les secondes différences Δ^2, sont sensiblement nulles, elles sont même tout-à-fait négligeables bien avant ce point; donc quand $c = 0,5$, il faut se servir des mêmes tables et des mêmes formules, en ayant soin seulement de faire l'accroissement δc égal $0,5$ au lieu de $0,1$, ou, si l'on veut, diviser par 5 le Δ_c de la table.

La suite relative au glissement paraîtra dès que les calculs seront achevés.

ERRATA ET ADDITIONS.

Page 2, lig. 11 en descendant, au lieu d'un *point d'interrogation*, mettez *une virgule*
  10, lig. 2 en remontant, après *tendance*, supprimez *la virgule*
  11, lig. 11 en descendant, au lieu de *charger*, lisez *chercher*
 Id. lig. 15 en descendant, après *formules*, supprimez *la virgule*
  14, à la suite de la note (1) ajoutez cette phrase : *Toutefois ce dernier résultat, que nous donnons sur l'autorité de M. Poncelet, nous paraît assez surprenant ; peut-être aurait-il besoin d'être confirmé par une nouvelle étude.*
  16, lig. 21 en descendant, après *l'intrados* supprimez *la virgule*
  19, lig. 5 en remontant, après *voussoirs* supprimez *la virgule*
  21, lig. 12 en remontant, avant ces mots: *peut-il*, ajoutez *même sous condition de rupture*.
  27, lig. 14 en remontant, au lieu de **1**, *lisez* (1)
  28, lig. 7 en remontant, au lieu de **1**, *lisez* (1)
 Id. lig. 4 en remontant, au lieu de 0,6976, *lisez* 0,7854
  31, lig. 15 en descendant, au lieu de (1), *lisez* (**1**)
 Id. lig. 1 en remontant, au lieu de ϖ^{m2}, *lisez* ϖ^{2m}
  32, lig. 5 en descendant, au lieu de $\frac{4}{2^4}$, *lisez* $\frac{1}{2^4}$
  39, lig. 2 en descendant, au lieu de $\frac{\pi q}{90}$, *lisez* $\frac{\pi \varphi}{90}$
  44, lig. 12, équation (1), au lieu de $\frac{\sin z}{z}$, *lisez* $\frac{z}{\sin z}$
  46, lig. 6 en remontant, au lieu de $z = \frac{1}{12}$, *lisez* $\alpha = \frac{1}{12}$
  47, lig. 4 en remontant, au lieu de x, *lisez* x^0
  51, lig. 8 en descendant, au lieu de $-\mathrm{V}' \cos z$, *lisez* $\mathrm{V}' \cos z$
 Id. lig. 10 en descendant, au lieu de *par élimination successive*, lisez *successivement*
 Id. lig. 10 en remontant, au lieu de la valeur de V'' qui est dans le texte, *lisez* $\mathrm{V}'' = 3\mathrm{V}'' + \frac{(\mathrm{V}' - 3\mathrm{V}'') \cos z - \mathrm{T}''}{\sin z}$
 Id. lig. 4 en remontant, au lieu de $\mathrm{T}' = 0,69675$, *lisez* $\mathrm{T}' = -0,69675$.
  54, lig. 11 en remontant, au lieu de *inscrits*, lisez *inscrites*

[redacted]

L'INCLINAISON $i = 0$.

$c = 0$

Val. de e.	Valeurs de F.	Δ_u	Δ_c	Δ'_u	Δ'_c	Δ'_{uc}
0,05	0,08174	2105	6623	−490	342	−532
0,10	0,10279	1615	6091	−436	127	−505
0,15	0,11894	1179	5586	−381	45	−468
0,20	0,13073	798	5118	−336	13	−436
0,25	0,13871	462	4682	−291	2	−411
0,30	0,14333	171	4271	−253	1	−396
0,35	0,14504	−82	3875	−216	4	−384
0,40	0,14422	−298	3491	−177	11	−375
0,45	0,14124	−475	3116	»	18	−369
0,50	0,13649	»	2747	»	25	»

$c = 0,1$

Val. de e.	Valeurs de F.	Δ_u	Δ_c	Δ'_u	Δ'_c	Δ'_{uc}
0,05	0,14797	1573	6965	−463	150	−747
0,10	0,16370	1110	6218	−399	56	−587
0,15	0,17480	711	5631	−349	22	−500
0,20	0,18191	362	5131	−311	7	−447
0,25	0,18553	51	4684	−276	1	−414
0,30	0,18604	−225	4270	−241	1	−391
0,35	0,18379	−466	3879	−207	3	−377
0,40	0,17913	−673	3502	−171	7	−368
0,45	0,17240	−844	3134	»	12	−362
0,50	0,16396	»	2772	»	17	»

$c = 0,2$

Val. de e.	Valeurs de F.	Δ_u	Δ_c	Δ'_u	Δ'_c	Δ'_{uc}
0,05	0,21762	826	7115	−303	68	−841
0,10	0,22588	523	6274	−312	28	−621
0,15	0,23111	211	5853	−296	12	−515
0,20	0,23322	−85	5138	−278	5	−453
0,25	0,23237	−363	4685	−253	0	−414
0,30	0,22874	−616	4271	−227	0	−389
0,35	0,22258	−843	3882	−198	1	−373
0,40	0,21415	−1041	3509	−165	4	−363
0,45	0,20374	−1206	3146	»	8	−357
0,50	0,19168	»	2789	»	14	»

$c = 0,3$

Val. de e.	Valeurs de F.	Δ_u	Δ_c	Δ'_u	Δ'_c	Δ'_{uc}
0,05	0,28877	−15	7183	−83	34	−881
0,10	0,28862	−98	6302	−206	15	−637
0,15	0,28764	−304	5665	−234	6	−522
0,20	0,28460	−538	5143	−239	1	−458
0,25	0,27922	−777	4685	−228	1	−414
0,30	0,27145	−1005	4271	−211	0	−388
0,35	0,26140	−1216	3883	−188	1	−370
0,40	0,24924	−1404	3513	−159	3	−359
0,45	0,23520	−1563	3154	»	7	−351
0,50	0,21957	»	2803	»	10	»

$c = 0,4$

Val. de e.	Valeurs de F.	Δ_u	Δ_c	Δ'_u	Δ'_c	Δ'_{uc}
0,05	0,36060	−895	7217	161	»	−900
0,10	0,35164	−735	6317	−91	»	−646
0,15	0,34429	−826	5671	−170	»	−527
0,20	0,33603	−996	5144	−195	»	−458
0,25	0,32607	−1191	4686	−202	»	−415
0,30	0,31416	−1393	4271	−193	»	−387
0,35	0,30023	−1586	3884	−177	»	−368
0,40	0,28437	−1763	3516	−151	»	−355
0,45	0,26674	−1914	3161	»	»	−348
0,50	0,24760	»	2813	»	»	»

$c = 0,5$

Val. de e.	Valeurs de F.	Δ_u	Δ_c	Δ'_u	Δ'_c	Δ'_{uc}
0,05	0,43277	−1796	36264	415	»	−4584
0,10	0,41481	−1381	31680	28	»	−3276
0,15	0,40100	−1353	28404	−101	»	−2663
0,20	0,38747	−1454	25741	−182	»	−2307
0,25	0,37293	−1606	23434	−174	»	−2080
0,30	0,35687	−1780	21354	−174	»	−1926
0,35	0,33907	−1954	19428	−164	»	−1821
0,40	0,31953	−2118	17607	−144	»	−1749
0,45	0,29835	−2262	15858	»	»	−1703
0,50	0,27573	»	14155	»	»	»

$c = 1,0$

Val. de e.	Valeurs de F.	Δ_u	Δ_c	Δ'_u	Δ'_c	Δ'_{uc}
0,05	0,79541	−6380	»	1723	»	»
0,10	0,73161	−4657	»	641	»	»
0,15	0,68504	−4016	»	225	»	»
0,20	0,64488	−3761	»	75	»	»
0,25	0,60727	−3686	»	−20	»	»
0,30	0,57041	−3706	»	−69	»	»
0,35	0,53335	−3775	»	−92	»	»
0,40	0,49560	−3867	»	−98	»	»
0,45	0,45693	−3965	»	»	»	»
0,50	0,41728	»	»	»	»	»

L'INCLINAISON $i = 7°30'$.

$c = 0$

Val. de e.	Valeurs de F.	Δ_u	Δ_c	Δ'_u	Δ'_c	Δ'_{uc}
0,05	0,06180	2334	6687	−468	383	−535
0,10	0,08514	1866	6150	−433	112	−531
0,15	0,10380	1433	5621	−376	35	−486
0,20	0,11813	1057	5135	−329	6	−448
0,25	0,12870	728	4687	−286	0	−419
0,30	0,13598	442	4268	−248	0	−399
0,35	0,14040	194	3869	−217	5	−385
0,40	0,14234	−23	3484	−185	13	−372
0,45	0,14211	−208	3112	»	19	−362
0,50	0,14003	»	2750	»	25	»

$c = 0,1$

Val. de e.	Valeurs de F.	Δ_u	Δ_c	Δ'_u	Δ'_c	Δ'_{uc}
0,05	0,12867	1799	7070	−464	118	−806
0,10	0,14666	1335	6264	−388	43	−608
0,15	0,16001	947	5656	−338	13	−515
0,20	0,16948	609	5141	−300	7	−454
0,25	0,17557	309	4687	−266	1	−419
0,30	0,17866	43	4268	−234	1	−394
0,35	0,17909	−191	3874	−204	4	−377
0,40	0,17718	−395	3497	−175	8	−366
0,45	0,17323	−570	3131	»	13	−356
0,50	0,16753	»	2775	»	16	»

$c = 0,2$

Val. de e.	Valeurs de F.	Δ_u	Δ_c	Δ'_u	Δ'_c	Δ'_{uc}
0,05	0,19937	993	7188	−266	43	−881
0,10	0,20930	727	6307	−295	17	−638
0,15	0,21657	432	5669	−277	8	−521
0,20	0,22089	155	5148	−265	−1	−460
0,25	0,22244	−110	4688	−241	−1	−419
0,30	0,22134	−351	4269	−217	1	−391
0,35	0,21783	−568	3878	−193	3	−373
0,40	0,21215	−761	3505	−165	5	−361
0,45	0,20454	−926	3144	»	9	−353
0,50	0,19528	»	2791	»	14	»

$c = 0,3$

Val. de e.	Valeurs de F.	Δ_u	Δ_c	Δ'_u	Δ'_c	Δ'_{uc}
0,05	0,27125	112	7231	−23	19	−907
0,10	0,27237	89	6324	−178	10	−647
0,15	0,27326	−89	5677	−216	3	−530
0,20	0,27237	−305	5147	−224	2	−460
0,25	0,26932	−529	4687	−213	0	−417
0,30	0,26403	−742	4270	−199	0	−389
0,35	0,25661	−941	3881	−181	1	−371
0,40	0,24720	−1122	3510	−157	4	−367
0,45	0,23598	−1279	3153	»	6	−348
0,50	0,22319	»	2805	»	9	»

$c = 0,4$

Val. de e.	Valeurs de F.	Δ_u	Δ_c	Δ'_u	Δ'_c	Δ'_{uc}
0,05	0,34356	−795	7250	237	»	−916
0,10	0,33561	−558	6334	−61	»	−664
0,15	0,33003	−619	5680	−146	»	−531
0,20	0,32384	−765	5149	−181	»	−462
0,25	0,31619	−946	4687	−185	»	−417
0,30	0,30673	−1131	4270	−181	»	−388
0,35	0,29542	−1312	3882	−167	»	−368
0,40	0,28230	−1479	3514	−148	»	−355
0,45	0,26751	−1627	3159	»	»	−345
0,50	0,25124	»	2814	»	»	»

$c = 0,5$

Val. de e.	Valeurs de F.	Δ_u	Δ_c	Δ'_u	Δ'_c	Δ'_{uc}
0,05	0,41606	−1711	36338	499	»	−4615
0,10	0,39895	−1212	31723	62	»	−3296
0,15	0,38683	−1150	28427	−77	»	−2674
0,20	0,37533	−1227	25753	−136	»	−2316
0,25	0,36306	−1363	23437	−156	»	−2085
0,30	0,34943	−1519	21352	−161	»	−1930
0,35	0,33424	−1680	19422	−154	»	−1822
0,40	0,31744	−1834	17600	−138	»	−1747
0,45	0,29910	−1972	15853	»	»	−1695
0,50	0,27938	»	14158	»	»	»

$c = 1,0$

Val. de e.	Valeurs de F.	Δ_u	Δ_c	Δ'_u	Δ'_c	Δ'_{uc}
0,05	0,77944	−6326	»	1818	»	»
0,10	0,71618	−4508	»	684	»	»
0,15	0,67110	−3824	»	281	»	»
0,20	0,63286	−3543	»	95	»	»
0,25	0,59743	−3448	»	−1	»	»
0,30	0,56295	−3449	»	−53	»	»
0,35	0,52846	−3502	»	−79	»	»
0,40	0,49344	−3581	»	−86	»	»
0,45	0,45763	−3667	»	»	»	»
0,50	0,42096	»	»	»	»	»

NOTA. i est l'inclinaison de la chape de la voûte sur l'horison.
e le rapport de l'épaisseur du bandeau au rayon de l'intrados.
c le rapport de la hauteur de charge prise verticalement, au même rayon de l'intrados.
F le rapport de la poussée au quarré du même rayon.

[redacted]

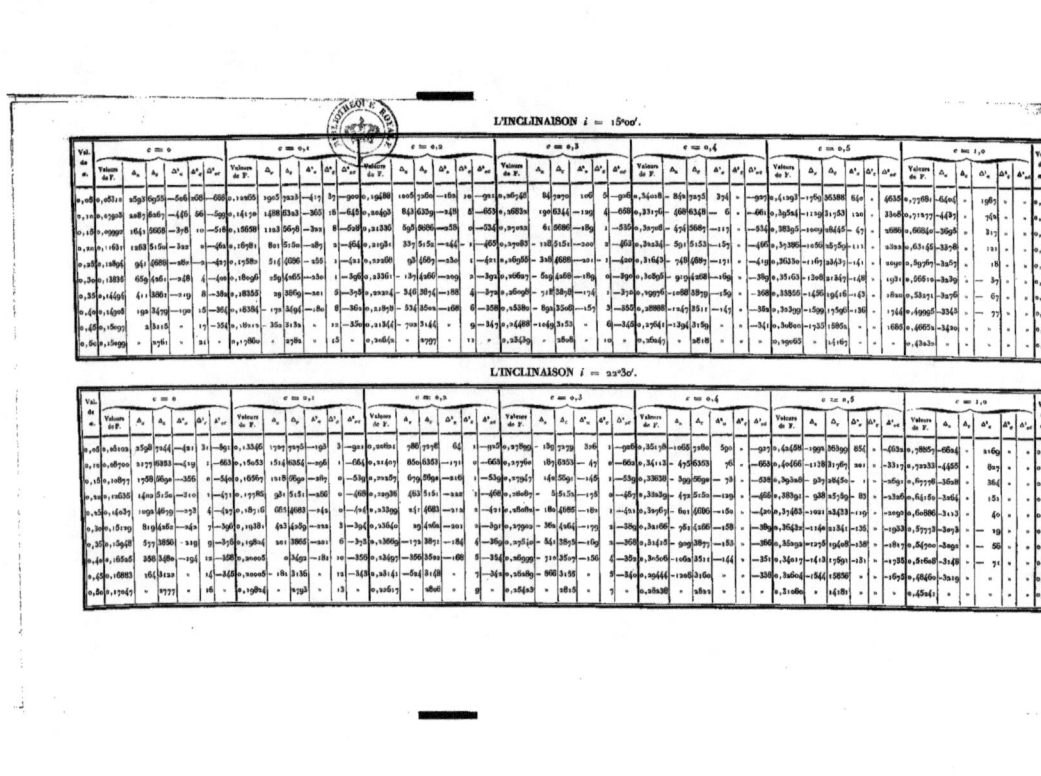

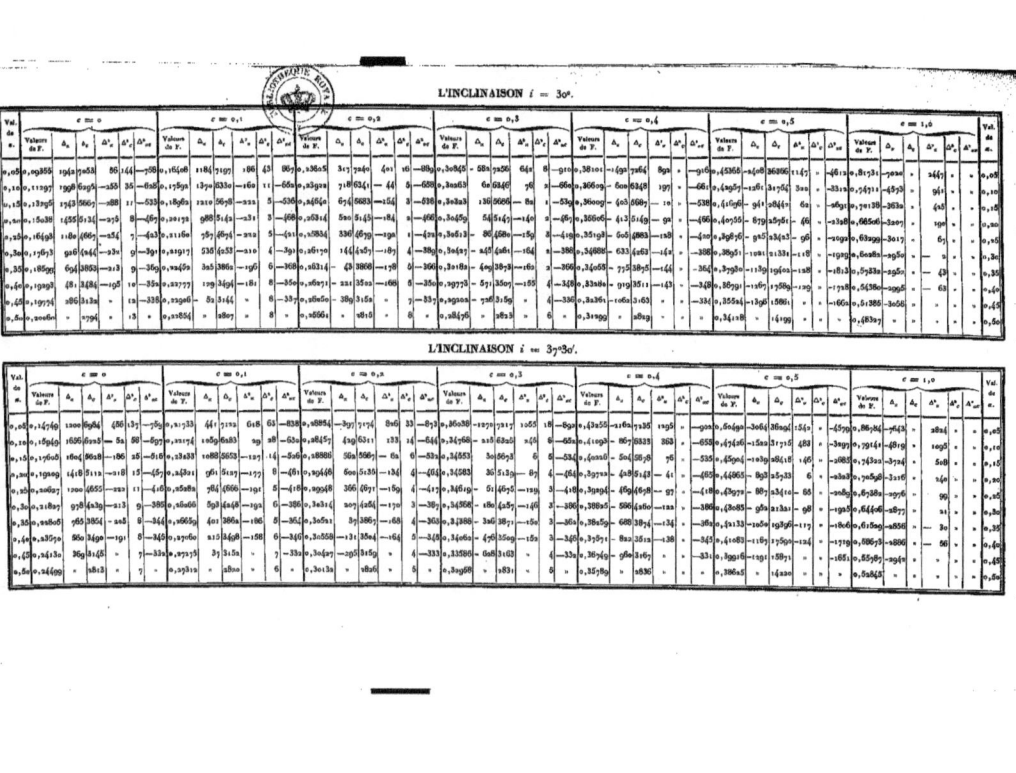

L'INCLINAISON $i = 45°$.

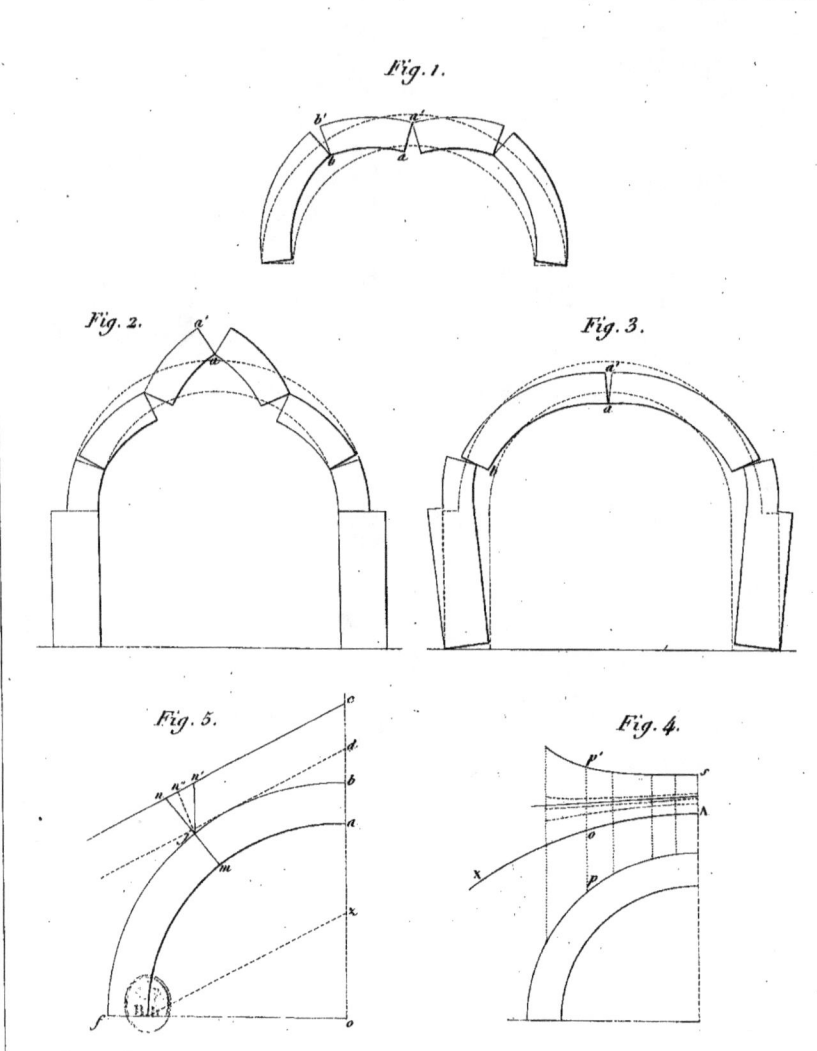

Planche 1.

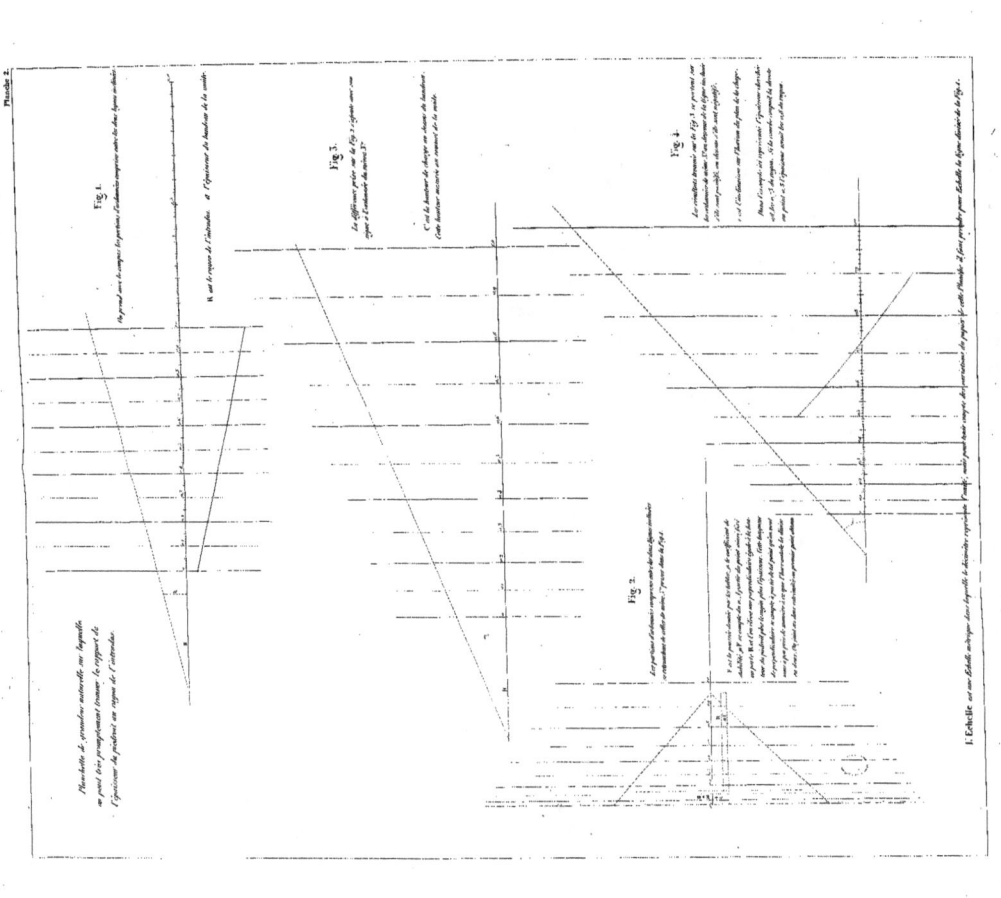

TABLES

des

POUSSÉES DES VOUTES

EN PLEIN CINTRE.

DEUXIÈME PARTIE.

IMPRIMERIE DE BACHELIER,
rue du Jardinet, nº 12.

www.ingramcontent.com/pod-product-compliance
Lightning Source LLC
Chambersburg PA
CBHW070322100426
42743CB00011B/2516